普通高等教育"十三五"规划教材
电子设计系列规划教材

嵌入式 Linux 系统设计实践教程

曾　毓　吴占雄　编　著
高明煜　主　审

电子工业出版社
Publishing House of Electronics Industry
北京·BEIJING

内 容 简 介

本书是面向嵌入式 Linux 学习和产品开发的入门实践教程，介绍了嵌入式 Linux 应用开发多方面的内容。全书共分 13 章，主要内容包括应用基础、文件和 I/O 操作、简单外设应用、串口和线程、进程、网络编程、Qt 编程、Web 服务器和 SQLite 数据库应用等。

本书为提高读者的综合动手能力和设计创新能力而编写，内容由浅入深、结构合理、图文并茂，可操作性强，非常适合准备向嵌入式 Linux 方向发展的高校学生学习使用。

书中部分章节的硬件实践内容使用了友善之臂的 Mini2451 开发板，附录有该开发板的简单介绍，读者也可以使用与 Mini2451 相似的 Mini2440 或其他 ARM 开发板进行实践操作。

图书在版编目（CIP）数据

嵌入式 Linux 系统设计实践教程 / 曾毓，吴占雄编著. —北京：电子工业出版社，2017.8

ISBN 978-7-121-32325-6

Ⅰ. ①嵌… Ⅱ. ①曾… ②吴… Ⅲ. ①Linux 操作系统—高等学校—教材 Ⅳ. ①TP316.85

中国版本图书馆 CIP 数据核字（2017）第 181789 号

策划编辑：王羽佳
责任编辑：裴 杰
印　　刷：北京虎彩文化传播有限公司
装　　订：北京虎彩文化传播有限公司
出版发行：电子工业出版社
　　　　　北京市海淀区万寿路 173 信箱　邮编　100036
开　　本：787×1092　1/16　印张：14.25　字数：365 千字
版　　次：2017 年 8 月第 1 版
印　　次：2023 年 6 月第 11 次印刷
定　　价：39.00 元

凡所购买电子工业出版社的图书，如有缺损问题，请向购买书店调换。若书店售缺，请与本社发行部联系，联系及邮购电话：(010) 88254888，88258888。

质量投诉请发邮件至 zlts@phei.com.cn，盗版侵权举报请发邮件至 dbqq@phei.com.cn。

本书咨询联系方式：(010) 88254535，wyj@phei.com.cn。

前　言

嵌入式系统是为特定应用而设计的专用计算机系统,已经广泛应用于智能手机、数码产品、工业控制、通信和信息系统、军事、航空航天、医疗电子等领域,整个社会对嵌入式系统的开发和应用人才的需求也不断加大。嵌入式 Linux 是以 Linux 为基础的嵌入式操作系统,因为其具有代码开源、性能优异、资源众多等优点,在嵌入式领域广为使用。

为了进一步加强嵌入式 Linux 的实践教学工作,适应高等学校正在开展的课程体系与教学内容的改革,及时反映嵌入式系统教学的研究成果,积极探索适应 21 世纪人才培养的教学模式,编者编写了本书。

本书具有如下特色。

(1)入门简单,本书内容安排深浅适宜,实践操作讲解详细,大部分内容只要求有基本的计算机基础知识和程序设计基础即可开始上手。

(2)内容涵盖范围广,本书实践内容围绕嵌入式 Linux 开发的应用编程展开,内容涵盖 Linux 操作系统介绍、安装和基本使用,嵌入式 Linux 开发平台,Bootloader 移植,驱动应用以及嵌入式 Linux 的应用开发,通过简单经典的实践操作引导读者走进嵌入式的大门。

(3)硬件实践的目标平台为广州友善之臂计算机科技有限公司的 Mini2451 开发板,Mini2451 是国内广为使用且资源众多的 Mini2440 开发板继承者,性价比高,极大地降低了嵌入式技术的自学入门费用。

(4)本书注重将嵌入式 Linux 技术的最新发展适当地引入到教学中,保证了教学内容的先进性。此外,本书源于高校嵌入式课程的实践教学,凝聚了工作在第一线的任课教师多年的教学经验与教学成果。

全书共 13 章。本书从先进性和实用性出发,较全面地介绍了嵌入式 Linux 技术相关的系统使用与环境搭建、Bootloader、驱动和应用开发等实践操作,主要内容如下:第 1 章讲述嵌入式 Linux 环境的搭建,通过虚拟机软件的操作和交叉编译环境的建立,使得学生加深对理论知识的理解并掌握基本应用;第 2 章讲述 Linux 环境入门,通过 Linux 常用命令及编辑器、编译器和调试器的练习使用,增加学生对 Linux 系统使用的熟练度;第 3 章讲述嵌入式 C 程序设计基础;第 4 章讲述 Bootloader 配置与修改,通过移植 Bootloader 的实践操作,使得学生加深对嵌入式系统启动过程的理解;第 5 章讲述 Linux 文件系统及程序设计;第 6 章讲述驱动设计及应用,通过简单的驱动设计实践加深对系统内核及驱动程序结构的理解,通过几个外设应用理解设备文件的操作过程;第 7~13 章讲述了串口通信,线程、进程管理及进程间通信,网络通信,Qt,SQLite 数据库和 Web 服务器等内容,通过相应的实践操作内容使得学生逐步掌握嵌入式 Linux 应用开发的相关技术。

本书可作为高等学校非计算机专业嵌入式相关课程的基础实践教材,也可供相关工程技术人员学习、参考。教学中,教师可以根据教学对象和学时等具体情况对书中的内容进行删减和组合,也可以进行适当扩展,参考学时为 16~32 学时。为适应教学模式、教学方法和手段的改革,本书配有多媒体电子教案及相应的网络教学资源,请登录华信教育资源网(http://hxedu.com.cn)下载。

　　本书第 1~3 章、第 7~11 章由曾毓编写，第 4~6、12、13 章由吴占雄编写。全书由曾毓统稿。杭州电子科技大学的高明煜教授在百忙之中对全书进行了审阅。在编写本书的过程中，电子工业出版社的王羽佳编辑为本书的出版做了大量工作，在此一并表示感谢！

　　本书两位作者为杭州电子科技大学教师，长期从事嵌入式系统相关实践课程的教学工作。编写本书时参考了大量近年来出版的相关技术资料，吸取了许多专家和同仁的宝贵经验，在此向他们表示谢意。

　　由于嵌入式技术发展迅速，编者学识有限，加之时间仓促，书中错漏之处在所难免，望广大读者批评指正。

编　者

目　录

第 1 章

嵌入式 Linux 环境搭建

1.1 背景知识

1.1.1 嵌入式 Linux 系统

嵌入式系统（Embedded System）是为完成某种特定的功能而设计的一个计算机硬件、软件和一些必要的机械部件的集合体。例如，现在的智能手机不仅提供了通话短信功能，其上的各种应用软件还为用户的衣食住行提供了服务。所以嵌入式系统是一种应用系统，它是以计算机技术为基础，软硬件可裁剪，适应应用系统要求的专用计算机系统。

嵌入式 Linux 系统就是利用 Linux 自身的许多特点，把它应用到嵌入式系统中。Linux 做嵌入式的优势有以下几点：首先，Linux 是开放源代码的，不存在黑箱技术，遍布全球的众多 Linux 爱好者都是 Linux 开发者的强大技术支持；其次，Linux 的内核小、效率高，内核的更新速度很快；第三，Linux 是免费的 OS，在价格上极具竞争力。Linux 还有着嵌入式操作系统所需要的很多特色，突出的就是 Linux 适用于多种 CPU 和多种硬件平台，是一个跨平台的系统。到目前为止，它可以支持二三十种 CPU，且性能稳定，裁剪性很好，开发和使用都很容易。很多 CPU 包括家电业芯片，都开始做 Linux 的平台移植工作，其移植的速度远远超过 Java 的开发环境。也就是说，如果今天用 Linux 环境开发产品，那么将来更换 CPU 就不会遇到困扰。同时，Linux 内核的结构在网络方面是非常完整的，Linux 对网络中最常用的 TCP/IP 协议有最完备的支持，提供了包括十兆、百兆、千兆位的以太网络，以及无线网络、光纤甚至卫星的支持，所以 Linux 很适合做信息家电的开发。

Linux 在快速增长的无线连接应用主场中有一个非常重要的优势，就是其有足够快的开发速度。这是因为 Linux 有很多工具，并且 Linux 为众多程序员所熟悉。因此，我们要在嵌入式系统中使用 Linux 操作系统。

1.1.2 嵌入式 Linux 开发环境

嵌入式设备的资源并不足以用来开发软件，因此通常采用主机与目标板结合的交叉开发模式来开发软件，即在 PC 上编辑、编译软件，然后在目标板上运行、验证程序。

在 PC 上学习 Linux，必须要有一个 Linux 环境，要学习嵌入式 Linux 开发，就需要一套嵌入式开发板和配套的嵌入式编译器。鉴于国内的个人电脑大多使用 Windows 系统，为了方便学习和管理，通常需要安装虚拟机软件，使人们能够在 Windows 系统中进行嵌入式 Linux 的学习与开发。由此可见，嵌入式 Linux 开发环境组成通常如图 1.1 所示。

图 1.1　嵌入式 Linux 开发环境组成

1.2　预习准备

1.2.1　预习要求

（1）了解嵌入式 Linux 在日常生活中的应用及其大致工作原理。

（2）了解 Linux 操作系统的特点及其组成结构，了解流行的几种 Linux 操作系统的发行版本。

（3）了解几种常见的虚拟机软件，理解交叉编译器的概念。

1.2.2　实践目标

（1）掌握 Linux 系统虚拟机安装方法。

（2）掌握虚拟机与主机设置共享文件目录的方法。

（3）掌握嵌入式 Linux 交叉编译器的安装方法及其环境配置。

（4）熟悉 Linux 系统软件安装方法。

1.2.3　准备材料

1. Linux 安装光盘文件

常见的 Linux 系统发行版本有十几种，不同的版本多少有一些差异，基于桌面环境易用度考虑，本书推荐选择 Ubuntu 16.04 或者 Ubuntu 的轻量化分支版本 Xubuntu 14.04。Ubuntu 16.04 系统较新、功能最全，适合配置较高的计算机，Xubuntu 14.04 的桌面主题更接近 Windows，对系统资源要求更少，适合配置较低的计算机。两种 Linux 系统的 Desktop 版本都有 32 位和 64 位系统可选择，考虑到交叉编译器的兼容性问题，建议系统性能一般的计算机选择 32 位版本。

ubuntu-16.04-desktop-i386.iso 下载地址：http://cn.ubuntu.com/download/。

xubuntu-14.04.5-desktop-i386.iso 下载地址：http://xubuntu.org/release/14-04/。

以上地址可能给出的是 torrent 下载文件，还需要使用其他下载工具将真正的 ISO 文件下载到计算机硬盘上。

2．虚拟机软件

下载 ISO 文件后，如果进行物理实体安装，则可以将 ISO 刻录成启动光盘，或者用工具软件制作成 USB 启动盘备用。本书推荐使用虚拟机软件安装虚拟 Linux 系统，这样不仅方便管理，还可以轻松挂载已经安装好的 Linux 虚拟机文件。

常用的免费虚拟机软件有 Oracle VM VirtualBox 和 VMware Player 两种。VirtualBox 支持 VDI 和 VMDK 等多种格式的虚拟机硬盘，软件更新速度较快，但在稳定性和兼容性方面比 VMware Player 稍弱，本书操作演示主要以 VMware Player 为主。

VirtualBox 下载地址：https://www.Virtualbox.org/wiki/Downloads。

VMware Player 下载地址：http://www.vmware.com/go/downloadplayer-cn。

对主机 Windows 系统，下载页面应选择 windows host 或 for windows 版本；如果主机是 Mac OS 系统，则可选择 VIrtualBox 软件。

3．arm-linux-gcc 编译器

所谓交叉编译，就是在宿主机上使用某种特定的交叉编译器，为另一个目标系统编译程序，得到的程序在目标系统上运行而非在宿主机本地运行。交叉编译器是在宿主机上运行的编译器，其命名方式一般遵循"处理器-系统-gcc"的规则。进行 ARM Linux 开发，通常选择 arm-linux-gcc 交叉编译器，本书配套使用友善之臂提供的 arm-linux-gcc-4.4.3 交叉编译器，下载地址为 http://www.arm9.net/download.asp。

1.3　实践内容和步骤

1.3.1　安装虚拟机软件及创建虚拟机

本节将以 VMware Player 12.1.1 虚拟机软件和 xubuntu-14.04.5-desktop-i386.iso 文件为例，演示软件安装和虚拟机创建过程。

在 Windows 系统中安装 VMware Player，该软件安装比较简单，一直按默认选项安装即可。软件安装完成后，进入的主界面如图 1.2 所示。

接下来，准备好 Linux 光盘文件和足够的硬盘空间（建议预留出 10GB 以上硬盘空间），在 VMware Player 软件界面中单击"创建新虚拟机"按钮，弹出如图 1.3 所示的向导对话框，选中"稍后安装操作系统"单选按钮，单击"下一步"按钮，选择客户机操作系统。

如图 1.4 所示，选择客户机操作系统为 Linux，选择系统版本为 Ubuntu，单击"下一步"按钮。

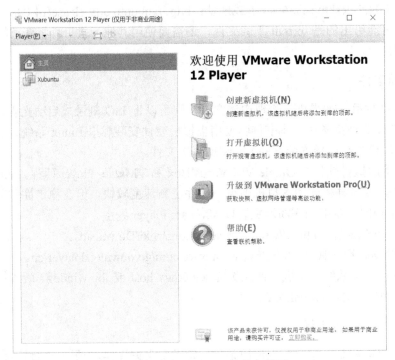

图 1.2　VMware Player 软件主界面

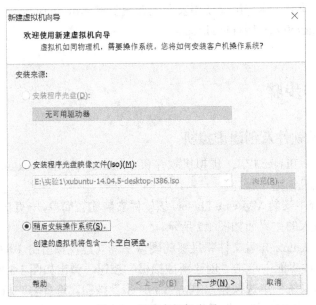

图 1.3　新建虚拟机向导

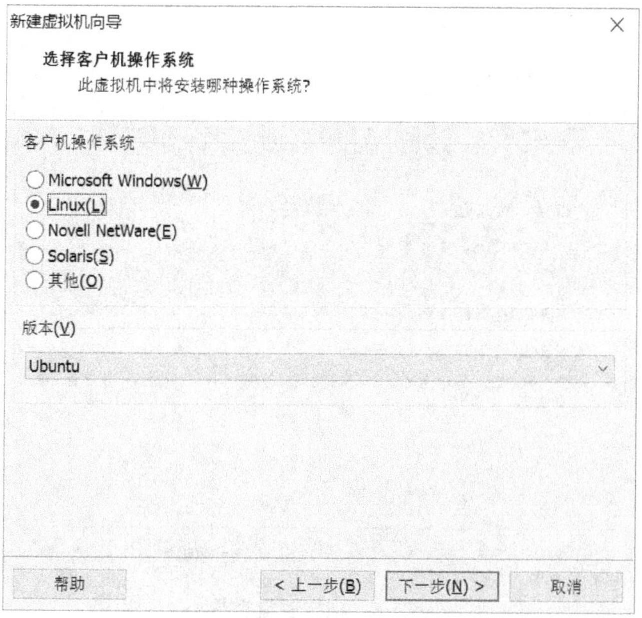

图 1.4　选择客户机操作系统

如图 1.5 所示，按图中所示设置虚拟机名称，选择虚拟机存放位置。新建的虚拟机默认存放在 VMware 程序目录中，目录位置不太好找，建议修改存放位置，要注意留有足够的硬盘空间（10GB 以上）。设置完成后，继续单击"下一步"按钮，进入指定磁盘容量页面。

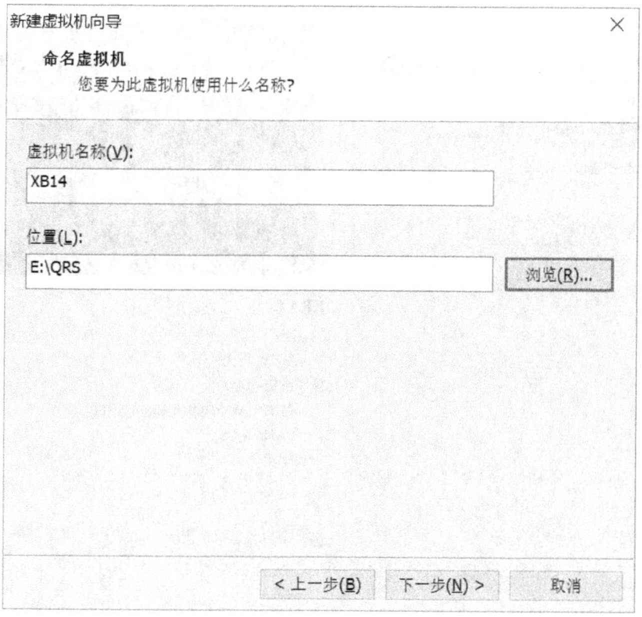

图 1.5　命名虚拟机

如图 1.6 所示，指定磁盘容量时建议保留默认大小和拆分选项，单击"下一步"按钮，完成虚拟机创建。刚创建的虚拟机硬盘文件实际上并没有图 1.6 所示的 20GB，随着后续的使用和软件安装将会越来越大，其占用硬盘空间的上限就是指定的 20GB。

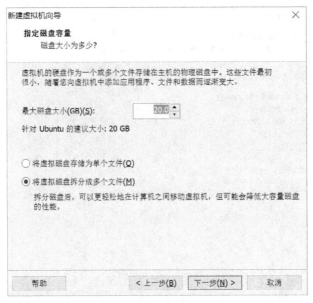

图 1.6　指定磁盘容量

新建虚拟机成功之后，如图 1.7 所示，在 VMware Player 主界面中可以看到左侧列表中已经添加了新建的 XB14 虚拟机，右击该虚拟机，弹出快捷菜单，选择"设置"选项。

图 1.7　查看虚拟机列表

如图 1.8 所示，在"虚拟机设置"对话框中，首先选中左侧的 CD/DVD(SATA)，然后在右侧"连接"选项组中选中"使用 ISO 映像文件"单选按钮，浏览找到已经下载好的 Linux 系统的 ISO 文件，单击"确定"按钮保存设置。

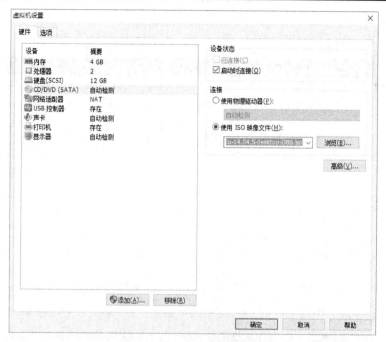

图 1.8　虚拟机启动光盘设置

回到 VMware Player 软件主界面后，双击 XB14 虚拟机，或选中虚拟机后单击其上方的绿色开机按钮，启动运行虚拟机。如图 1.9 所示，虚拟机最后停留在准备安装界面，在左侧的语言栏中拖动到最底部，选择"中文(简体)选项"，单击"安装 Xubuntu"按钮开始安装系统。

图 1.9　选择系统语言

如图 1.10 所示，为了节省系统安装时间，在安装配置页面中，"安装中下载更新"和"安装这个第三方软件"都不选中，直接单击"继续"按钮。

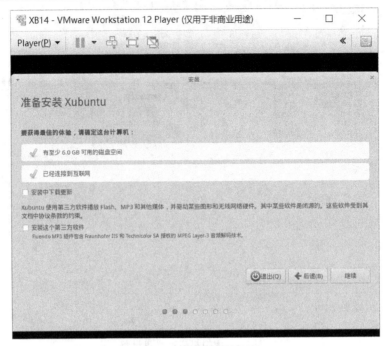

图 1.10　取消安装选项

选择安装类型，选中默认的"清除整个磁盘并安装 Xubuntu"单选按钮，其他不选，单击"现在安装"按钮，确认"继续"到下一步，如图 1.11 所示。

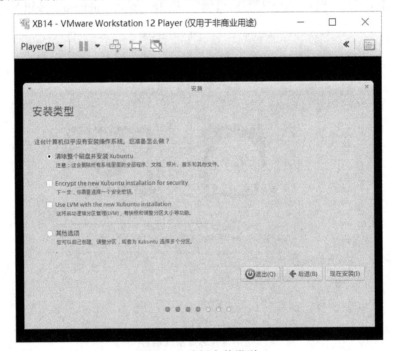

图 1.11　选择安装类型

如图 1.12 所示，选择时区，保持默认的 shanghai，单击"继续"按钮，其后的键盘布局也保持为默认选项，单击"继续"按钮到下一步。

图 1.12　时区选择

如图 1.13 所示，设置用户名、密码。建议用户名使用英文，若使用汉字，则后期可能会出现软件不兼容的情况，本书中示例使用 fish 作为用户名。密码为 root 权限密码，一般而言，在学习时建议使用简单一点的密码，方便输入，登录选项建议选中"自动登录"单选按钮。

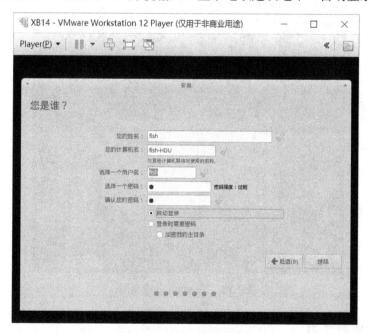

图 1.13　用户及密码设置

单击"继续"按钮后，等待系统安装完成，等待过程如图 1.14 所示。

图 1.14　等待安装完成

安装完毕后，单击"现在重启"按钮。重新启动系统时，窗口下方有信息提示按 Enter 键移除 Linux 系统安装光盘。系统顺利启动后，进入到 Linux 桌面环境，如图 1.15 所示。如果开始时询问是否升级，则应选择"不升级"并确认。如果开始时提示已有系统更新，现在是否安装，则应选择"稍后提醒"。系统更新时可能需要下载较多的更新文件，耗时较长，如果时间充裕且网络顺畅，可选择更新系统。

图 1.15　Xubuntu 系统桌面

1.3.2　安装虚拟机工具

Linux 系统安装成功后，可以发现，Linux 虚拟机的桌面始终固定在 800×600 分辨率。此时，如果要把 Linux 桌面扩展到整个虚拟机软件窗口，并且支持 Linux 与 Windows 主机共享文件，则需要安装虚拟机工具 VMware Tools。

如图 1.16 所示，选择窗口上方的"Player"→"管理"→"安装 VMware Tools(T)..."选项，虚拟机自动装载附件光盘，并打开该光盘文件夹，如图 1.17 所示。

图 1.16　选择安装虚拟机工具包

图 1.17　VMware Tools 光盘文件夹

如图 1.18 所示，在 VMware Tools 文件夹中，右击空白处，弹出快捷菜单，选择"在这里打开终端"选项。

XB14 - VMware Workstation 12 Player
/media/fish/VMware Tools/
manifest.txt
run_upgrader.sh
VMwareTools-10.0.6-3595377.tar.gz
vmware-tools-upgrader-32
vmware-tools-upgrader-64

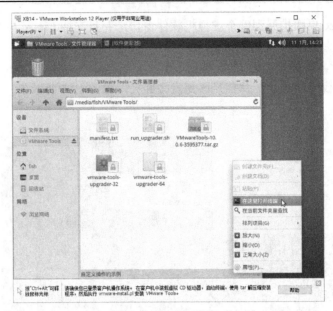

图 1.18 打开终端窗口

打开终端窗口后，可以看到，当前路径已经在虚拟机附件光盘路径下了，此时，输入如下命令解压光盘目录下的文件：

```
tar -zxvf VMwareTools*.tar.gz -C ~/
```

此处，tar 命令是 Linux 下的一个压缩包解压命令，本行命令的作用是将图 1.18 中当前目录下的 VMwareTools-10.0.10-4301679.tar.gz 文件解压到用户目录下。解压完成后，继续输入命令安装增强功能：

```
sudo ~/vmware-tools-distrib/vmware-install.pl
```

按回车键后，按照提示输入 root 密码（**注意**：输入密码时终端窗口不会显示已经输入的字符，初学者容易误认为没有输入而多次输入导致密码错误），再次按回车键，软件开始安装。如图 1.19 所示，此时提示找不到系统版本信息，询问是否强制安装，这里输入 yes 并确认。继续按回车键，直到安装结束。

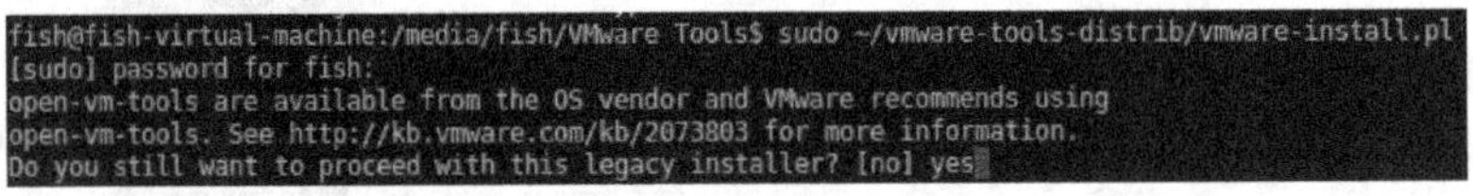

fish@fish-virtual-machine:/media/fish/VMware Tools$ sudo ~/vmware-tools-distrib/vmware-install.pl
[sudo] password for fish:
open-vm-tools are available from the OS vendor and VMware recommends using
open-vm-tools. See http://kb.vmware.com/kb/2073803 for more information.
Do you still want to proceed with this legacy installer? [no] yes

图 1.19 确认安装 VMware Tools

注意：输入命令时，对于比较长的文件名或命令名，可以在输入前面几个字符后按 Tab 键完成后续的自动输入，这样比较方便。当然，Linux 文件名和命令名都区分字母大小写，如果输入错误，则按 Tab 键无效。

虚拟机增强功能安装完成后，在终端窗口中输入系统重启命令：

```
sudo reboot
```

系统重启后，最大化 VMware 软件窗口，如图 1.20 所示，现在可以看到，Linux 桌面已经可以扩展到整个虚拟机软件窗口了。

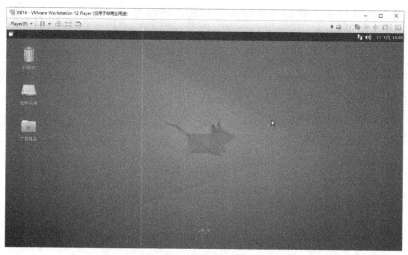

图 1.20　安装 VMware 和 Tools 后的桌面大小

1.3.3　设置共享文件夹

虚拟机软件通常通过设置共享文件夹功能来支持 Windows 主机和 Linux 虚拟机相互访问文件。进入 VMware Player 软件主界面后，如图 1.7 所示，右击要设置的虚拟机，选择"设置"选项。

注意：若虚拟机正在运行，应先关闭虚拟机。

在弹出的"虚拟机设置"对话框中，选择"选项"选项卡，再选择左侧的"共享文件夹"选项。如图 1.21 所示，将右侧的文件夹共享改为"总是启用"，并单击"添加"按钮。

图 1.21　启用共享文件夹

如图 1.22 所示，在弹出的设置向导后，进入"命名共享文件夹"页面时，选择好 Windows（主机）下要共享的文件夹。单击"下一步"按钮，继续单击"完成"按钮，最后单击虚拟机设置页面中的"确定"按钮，回到 VMware Player 软件主界面。

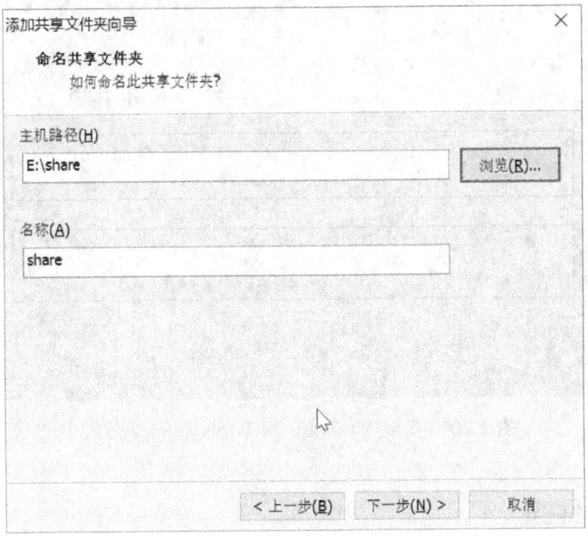

图 1.22   命名共享文件夹

在 VMware Player 主界面中，启动 Linux 虚拟机，进入桌面后，双击桌面上的文件系统图标，双击 mnt 文件夹图标，再双击 hgfs 文件夹图标，即可看到 share 共享文件夹。如图 1.23 所示，右击 share 文件夹，选择"桌面（创建链接）"选项，可以在桌面上为该共享文件夹创建一个快捷链接，这样可方便快速地访问共享文件。

图 1.23   创建桌面快捷链接到共享文件夹

1.3.4　建立交叉编译环境

将下载的 arm-linux-gcc-4.4.3.tar.gz 交叉编译器压缩包文件复制到 Windows 系统中的共享文件夹路径下（图 1.22 中为 E:\share），然后在 Linux 虚拟机中打开桌面上的 share 快捷链接，如图 1.24 所示，即可看到共享的 arm-linux-gcc-4.4.3.tar.gz 压缩包文件。

图 1.24　查看共享文件

如图 1.24 所示，右击空白处，在弹出的快捷菜单中选择"在这里打开终端"选项。打开终端窗口后，确认当前路径为/mnt/hgfs/share 文件夹，现在开始解压文件，把编译器安装到/opt/FriendlyARM/toolschain/4.4.3/目录下，输入命令：

```
sudo tar xvzf arm-linux-gcc-4.4.3.tar.gz -C /
```

注意：最后的 C 为大写，表示设置解压路径。解压完成后如图 1.25 所示。

如果虚拟机安装的是 64 位 Linux 系统，则需要安装 32 位的运行库软件包才能支持该交叉编译器运行，在终端窗口中输入如下命令安装该软件包：

```
sudo apt-get install ia32-libs
```

编译器解压完成后，还需要设置系统环境变量，这样才能保证在任意路径下执行编译命令。在终端中输入命令修改系统配置文件，Xubuntu 系统中应输入命令：

```
sudo mousepad /etc/profile
```

Ubuntu 系统中应输入命令：

```
sudo gedit /etc/profile
```

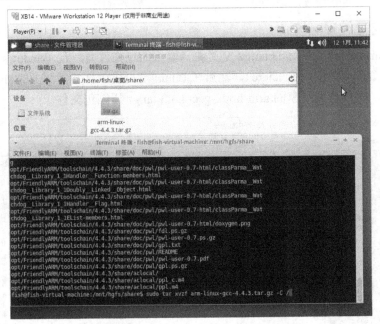

图 1.25　解压 arm-linux-gcc 编译器

如图 1.26 所示，在打开的编辑器窗口中，添加如下路径设置语句到 profile 文件的末尾：

```
export PATH=$PATH:/opt/FriendlyARM/toolschain/4.4.3/bin
```

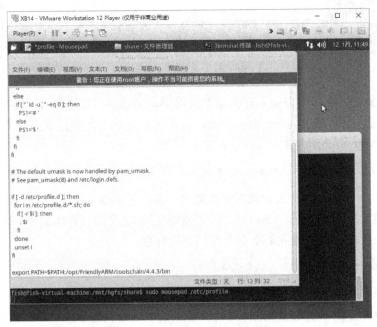

图 1.26　配置系统路径 PATH 变量

注意：上面一行语句千万不要输错，特别是冒号和美元符号，如果输入错误，很可能导致系统启动后不能进入桌面。

保存并退出编辑器，重启系统或者注销并重新登录系统。注销重新登录时，可输入以下两行命令之一：

```
sudo skill -u fish
sudo restart lightdm
```

注意： 第一行命令中的 fish 为当前用户名，可能需要自行修改，第二行命令不需要重新输入用户密码即可自动登录。

也可以单击桌面任务栏最左侧的系统图标，然后单击注销重启按钮，如图 1.27 所示。

图 1.27　注销重启系统

重新登录到系统桌面后，按 Ctrl+Alt+T 组合键直接打开一个终端，输入命令检测 arm-linux-gcc 交叉编译器是否可用：

```
arm-linux-gcc -v
```

如图 1.28 所示，命令已检测出 arm-linux-gcc 编译器版本，表示编译器已经安装配置完成。

1.3.5　常用软件安装

系统刚装好后，可能需要安装的常用软件如下：

① 输入法：IBus 拼音输入法、搜狗输入法。

② 浏览器：火狐、谷歌、遨游。

③ 办公软件：WPS。

④ 开发环境：Code::Blocks、Eclipse、QT。

图 1.28　检查 arm-linux-gcc 编译器

（1）IBus 中文输入法安装。

单击任务栏最左边的图标🖐，选择"设置"菜单栏中的"Ubuntu 软件中心"选项，打开软件中心窗口后，在右上角搜索栏中输入 IBus。按回车键，开始搜索，选择第一个"键盘输入方法"，单击"安装"按钮，如图 1.29 所示。输入密码，完成 IBus 输入法安装后，要记得注销并重新登录系统。

图 1.29　安装 IBus 输入法

按 Ctrl+Alt+T 组合键打开一个终端窗口，再按 Ctrl+空格切换输入法，如图 1.30 所示，现在可以输入中文了。

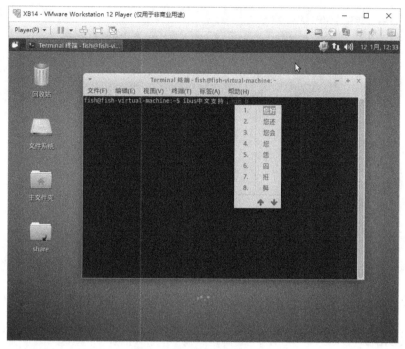

图 1.30 测试 IBus 输入法

（2）安装 Code::Blocks。

Code::Blocks 是一个开源的全功能跨平台 C/C++集成开发环境，软件速度较快、功能较为实用，常用于 ARM Linux 平台应用开发。如图 1.31 所示，打开 Ubuntu 软件中心，在搜索栏中输入 codeblocks，选择 Code::Blocks IDE 进行安装。

图 1.31 安装 Code::Blocks 软件

Code::Blocks 安装完成后，可以在系统桌面任务栏菜单的"开发"栏中找到 Code::Blocks IDE，选择该项即可启动 Code::Blocks 软件。用户还可以右击"开发"栏中的 Code::Blocks IDE 项，然后选择快捷菜单中的"Add to Desktop"选项来创建一个 Code::Blocks 软件的桌面快捷访问图标。

注意：如果 Xubuntu14 没有安装 g++，Code::Blocks 编译程序时会报错，应先在终端下输入如下命令安装 g++软件：

```
sudo apt-get install g++
```

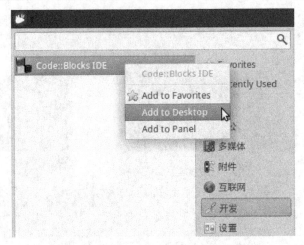

图 1.32　创建 Code::Blocks 桌面快捷图标

1.4　实践练习

1-1　参照 1.3 节完成 Linux 虚拟机和交叉编译环境的安装配置操作。

1-2　查阅资料，尝试安装 1.3.5 小节中提到的其他常用软件。

第2章
Linux 环境入门

2.1 背景知识

2.1.1 Linux Shell

Linux 系统的 Shell 作为操作系统的外壳，是用户和 Linux 操作系统之间的接口。Linux 中有多种 Shell，其中默认使用的是 Bash。不论是哪一种 Shell，它最主要的功能都是解译使用者在命令提示符号下输入的指令。

通常可在 Shell 环境下执行 Linux 命令及查看结果，通过打开 Linux 的 terminal（终端）来执行 Shell 命令。Shell 界面是 UNIX/Linux 系统的传统界面，也是最重要的界面，无论是服务器、桌面系统还是嵌入式应用，都离不开 Shell。

Linux Shell 是一个命令行解析器，也称终端，就如 Windows 系统下的 cmd 命令行窗口。Shell 从标准输入上接收用户命令，将命令进行解析并传递给内核，内核则根据命令做出相应的动作，如果有反馈信息则输出到标准输出上。一般而言，嵌入式 Linux 的标准输入和输出都是串口终端。

Shell 也是一种解释型的程序设计语言，其编程简单易学，任何在 Shell 提示符中输入的命令都可以放到一个可执行的 Shell 程序文件中。扩展名为.sh 的 Shell 文件其实就是众多 Linux 命令的集合，类似于 Windows 的.BAT 批处理文件，也称 Shell 脚本文件。

2.1.2 Linux 命令

Linux 提供了大量的命令，利用它们可以有效地完成大量的工作，如磁盘操作、文件存取、目录操作、进程管理、文件权限设定等。在 Linux 系统中工作离不开使用系统提供的命令。要想真正理解 Linux 系统，就必须从 Linux 命令学起，通过基础的命令学习可以进一步理解 Linux 系统。不同 Linux 发行版本的命令数量不一样，但 Linux 发行版本最少的命令也有 200 多个。Linux 命令的输入格式如下：

```
command [-options] param1 param2 ......
```

| 命令 | 选项 | 参数1 | 参数2 |

以下是使用命令的一些规则和注意事项。

命令区分大小写，一行命令的第一个输入部分必须是命令或可执行程序。

command 为命令的名称，如变换路径命令 cd 等。

中括号［］并不存在于实际的命令中，只表示方框里的内容是可选的。

选项通常以"-"开始，例如-h，完整的名称则以"--"开始，例如--help

参数为依附在 option 后面的参数，或者是 command 的参数，可以没有，也可以有多个。

命令、选项和参数之间以空格隔开，多个连续的空格被 Shell 视为一个空格。按回车键该命令会立即执行。

当命令太长时，可以使用"\"后按回车键，继续到下一行输入。

Linux 系统或者 Shell 通常设置了一些快捷键，如表 2.1 所示，以方便用户键盘操作，提高工作效率。

表 2.1　Linux、Shell 命令常用快捷键

快 捷 键	功 能
Ctrl + Alt + T	打开一个 Shell 终端窗口
Ctrl + Alt + F1	Shell 终端切换到全屏模式
Ctrl + Alt + F7	Shell 终端切换到窗口界面模式
Tab 键	用来补全命令或文件，提高输入效率
Ctrl + C 或 Ctrl + \	退出目前正在运行的程序
Ctrl + D	表示输入结束符，键盘输入结束
方向键↑或↓	显示上一条或下一条已输入命令

2.1.3　VI 编辑器

VI 是 UNIX/Linux 操作系统中最经典的文本编辑器，只能编辑字符，不能对字体、段落进行排版；它既可以新建文件，也可以编辑文件；它没有菜单，只有命令，且命令繁多。

虽然 VI 的操作方式与其他常用的文本编辑器（如 gedit）有很大相同，但是由于其运行于字符界面，并可用于所有 UNIX/Linux 环境，目前仍被经常使用。

VIM 是 VI 的增强版本，GVIM 是 VIM 的图形前端，它是跨平台的编辑器，基本上主流的操作系统中都有其版本。有些 Linux 版本中，gVIM 又被称为 VIM-gnome。

VI 编辑器的三种模式：命令模式、输入模式、末行模式。

（1）命令模式——执行命令

在该模式中，可以输入命令来执行许多种功能。例如，控制屏幕光标的移动，字符、字或行的删除，移动复制某区段等。按 Esc 键进入命令模式，在命令模式下，输入 i 进入输入模式，输入:进入末行模式。

（2）输入模式——输入文本

VI 被运行时，通常处在命令模式下，键入以下命令可以使 VI 退出命令模式，进入输入模式：I（i）、A（a）、O（o）。

（3）末行模式——执行待定命令

将文件保存或退出 VI，也可以设置编辑环境，如设置字体、列出行号等。

一般可以在使用时把 VI 简化成两个模式，就是将末行模式也算入命令行模式。

表 2.2 所示为 VI 编辑器常用命令，使用这些命令时要注意应在命令模式下输入，如果当前为输入模式，应先按 Esc 键返回到命令模式。

表 2.2　VI 编辑器常用命令

命　　令	功　　能	命　　令	功　　能
:q	退出	h	左移光标←
:q!	强制退出	j	下移光标↓
:w main.c	保存为 main.c 文件	k	上移光标↑
:wq	保存后退出	l	右移光标→
:set number	显示行号	i	进入编辑模式，在光标前插入
dd	删除当前行	a	进入编辑模式，在光标后追加
yy	复制当前行	u	撤销上次操作
p	粘贴	.	重复上次操作

2.1.4　GCC 编译器和 GDB 调试器

GCC（GNU Compiler Collection）是一套功能强大、性能优越的编程语言编译器，它是 GNU 计划的代表作品之一。

GCC 是 Linux 平台下最常用的编译器，GCC 原名为 GNU C Compiler，即 GNU C 语言编译器，随着 GCC 支持的语言越来越多，它的名称也逐渐变为 GNU Compiler Collection。

编译 C++程序通常用 GCC 指令，编译 C++程序通常用 g++指令，两者的区别在于默认引用库不同。

编译程序时，如对于简单的单个 hello.c 文件，可以在终端输入如下编译命令。

```
gcc hello.c
```

该行命令使用 GCC 来编译 hello.c 源文件，由于没有指定输出文件名，因此编译成功时默认生成一个名为 a.out 的可执行程序。GCC 拥有较为丰富的编译选项，其中的一些常用选项如表 2.3 所示。

表 2.3　常用 GCC 编译选项

−o file	指定输出文件名为 file
−g	输出文件带有调试信息
−O	默认优化级别
−O0	不进行编译优化
−c	只编译不链接生成可执行文件
−Wall	启用所有警告信息
−Werror	在发生警告时取消编译操作，即将警告看作错误
−w	禁用所有警告
−I<目录>	向 GCC 的头文件搜索路径中添加新的目录
−L<向 GCC>	向 GCC 的库文件搜索路径中添加新的目录
−l<库名称>	提示链接程序在创建可执行文件时包含指定的库文件
−static	强制使用静态链接库
−shared	生成动态库文件

GDB 是一个由 GNU 开源组织发布的、UNIX/Linux 操作系统下的、基于命令行的、功能强大的程序调试工具。

GDB 的主要功能包含以下四个方面。

（1）启动程序时，可以根据自定义的要求运行程序。

（2）可将被调试的程序在所指定的程序断点处停住。

（3）当程序被停住时，可检查此时程序中所发生的事。

（4）动态改变程序的执行环境。

ARM Linux 的应用调试需要主机 GDB 配合目标平台运行的 gdbserver 程序，再通过网络进行调试。一般而言，调试 ARM Linux 应用程序时，更常用的调试方法是先将程序编译出一个 PC 端版本并在 Linux 下调试通过，如此即可事先在 PC 上排除大部分程序的逻辑错误，缩短调试时间，提高程序开发效率；然后编译出 ARM Linux 版本，并通过串口终端观察程序运行过程中的输出信息或者使用 gdbserver 继续调试。

GDB 调试程序时需要先编译出带调试信息的可执行程序，如在终端下输入如下命令即可开始对 main.c 程序文件进行调试。

```
gcc -g main.c -o hello
gdb hello
```

GDB 常用的调试命令如表 2.4 所示，在 GDB 调试程序时可以先用 list 命令查看程序代码，用 b 命令设置断点，然后用 r、n 或 s 命令运行程序，当程序在某行停住时，可用 p 命令显示或修改程序变量的值。

表 2.4　GDB 常用调试命令

调 试 命 令	功　　能
r	运行被调试的程序
b 4	在第 4 行设置断点
b main	在 main 函数开始设置断点
d	删除断点
c	继续运行程序，直到下个断点或程序结束
n	执行一行程序
s	执行一行程序，如果该行有函数调用，则跳入该函数
p i	显示变量 i 的值
p *a@8	显示长度为 8 的数组的内容
p n=4	设置变量 n 的值为 4
list	显示源程序代码，默认显示 10 行
q	退出 GDB

2.2　预习准备

2.2.1　预习要求

➢　了解 Linux Shell 基本概念及 Linux 的一些常见功能。

> ➤ 了解 VI 及 VIM 编辑器的基本概念。
> ➤ 了解 GCC 编译器及 GDB 调试器的基本使用方法。

2.2.2　实践目标

（1）熟悉 Linux 系统常用命令。
（2）熟悉 VI 编辑器常用操作。
（3）熟悉 GCC、GDB 编译调试程序方法。
（4）了解 Linux 工程构建管理器的原理及结构。

2.2.3　准备材料

在联网情况下，安装 VIM 软件。如图 2.1 所示，打开 Ubuntu 软件中心，在搜索栏中输入
VIM，然后选择"VI 增强版-增强的 VI 编辑器"选项，单击"安装"按钮，再输入密码完成
安装。

图 2.1　安装 VIM 软件

2.3　实践内容和步骤

2.3.1　Linux 常用命令练习

（1）表 2.5 列出了一些常用的文件、目录操作命令。在 Linux 虚拟机中，打开一个终端窗
口，如表 2.6 所示，逐行输入命令，并在每次输入命令按回车键后观察终端输出的结果。

表 2.5　Linux 常用命令 1

命　　令	简　　介
ls	显示文件或目录
选项 —l	列出文件目录详细信息（注意，选项字母是小写 l，不是数字 1）
选项 —a	列出所有文件及目录，包括隐藏文件或目录
mkdir	创建目录
选项-p	创建目录，若无父目录，则连同父目录一起创建
cd	切换目录
touch	创建空文件
echo	打印信息
cat	查看文件内容
cp	复制文件或目录
mv	移动或重命名文件目录
rm	删除文件或目录
选项 —r	递归删除，可删除子目录及文件
选项 —f	强制删除
rmdir	删除空目录

表 2.6　常用命令练习 1

行　号	练 习 动 作	输 入 命 令
1	回到主目录	cd
2	列出文件目录	ls
3	新建子目录	mkdir tmp/test -p
4	列出文件目录	ls
5	进入 test 目录	cd tmp/test
6	创建空文件	touch tmp.txt
7	创建文件	echo Hello world! > hello.txt
8	列出文件目录	ls -l
9	查看文件内容	cat hello.txt
10	复制文件	cp hello.txt hello2.txt
11	更改文件名	mv hello2.txt world.txt ; ls
12	删除文件	rm tmp* ; ls
13	回到主目录	cd ～
14	删除目录	rmdir tmp
15	删除目录	rm tmp -r ; ls

　　表 2.6 中的一些练习命令中，用到了英文分号（;），这个符号在输入命令行中用来连续执行多条命令，一般用分号连接的多条命令遵循从左向右的顺序执行。表 2.6 的命令练习过程如图 2.2 所示。

　　（1）表 2.7 列出了一些文件查找、统计、查看和链接等命令。在 Linux 虚拟机中打开一个终端，逐行输入命令，如表 2.8 所示，并在每次输入命令后观察终端输出结果。

图 2.2　常用命令 1 练习过程

表 2.7　Linux 常用命令 2

命　令	简　介
find	在文件系统中搜索文件
选项-name	指定文件名搜索
Wc	统计文件中的行数、字数和字符数
选项-l	仅统计行数（选项字母是小写 l，不是数字 1）
grep	在文本文件中查找某字符或字符串
选项-c	统计出现的行数
选项-n	同时显示查找结果所在行号
pwd	显示当前目录
ln	创建链接文件
选项-s	创建软链接，而不是硬链接
more 或 less	分页显示文本文件内容
head 或 tail	显示文件头、尾内容

表 2.8　常用命令练习 2

行　号	练 习 动 作	输 入 命 令
1	回到主目录	cd
2	创建目录，切换、显示当前路径	mkdir tmp; cd tmp; pwd
3	复制文件	cp /etc/profile hello.txt
4	查找当前目录下的 TXT 文件	find -name *.txt
5	统计文件	wc hello.txt
6	查找字符#出现的位置	grep [#] hello.txt
7	查找字符串 export	grep export hello.txt
8	创建链接文件	ln hello.txt hi.txt
9	创建链接文件	ln -s hello.txt si.txt ; ls -l
10		more hi.txt
11	显示文件内容	less hi.txt（按 Q 键退出）
12	显示文件开头内容	head hello.txt
13	显示文件结尾内容	tail hello.txt

表 2.8 中的命令创建了两个链接文件，一个是硬链接 hi.txt，相当于 hello.txt 文件的一份副本，另一个是软链接 si.txt，这只是 hello.txt 文件的别名，如果删除了 hello.txt 文件，则 hi.txt 不受影响，还可以查看内容，si.txt 文件则无法查看内容了。表 2.8 的命令练习过程如图 2.3 所示。

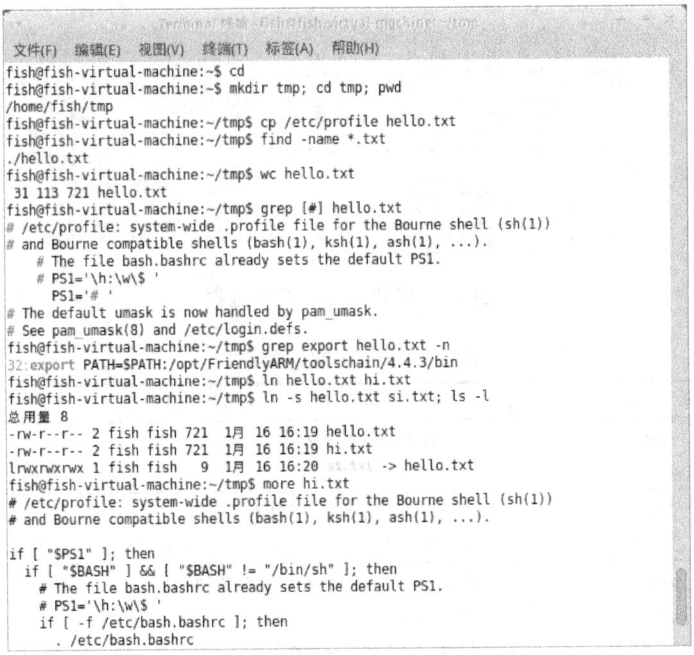

图 2.3　常用命令 2 练习过程

（2）表 2.9 列出了一些与系统、进程、网络相关的常用命令。在 Linux 虚拟机中打开一个终端，逐行输入命令，如表 2.10 所示，并在每次输入命令后观察终端中的输出结果。

表 2.9　Linux 常用命令 3

命　令	简　介
stat	显示指定文件的详细信息，比 ls 更详细
top	动态显示当前进程列表，并按照资源占用排序
ps aux	显示所有（当前用户和其他用户启动的）进程状态
kill	向进程发送信号（默认关闭进程）
du	查看目录大小
df	查看磁盘大小
ifconfig	查看网络地址等情况
ping	测试网络连通
netstat	显示网络状态信息
man	命令不会用了，找 man
clear	终端清屏

表 2.10 中的第 4 行后台启动浏览器用到了&符号，在终端下启动程序时，在指令最后加空格和&符号，即可将要启动的程序放到后台运行，前台的终端程序可以继续输入其他命令。同时，后台启动程序后还会返回一行信息以提示后台启动的程序进程号。

第 2 章 Linux 环境入门

29

表 2.10 常用命令练习 3

行　号	练 习 动 作	输 入 命 令
1	清屏	clear
2	回到主目录	cd
3	查看文件信息	stat /etc/profile
4	后台启动浏览器	firefox &
5	动态进程列表	top（按 Q 键退出）
6	查看所有进程	ps aux
7	查找 Firefox 进程	ps aux | grep firefox
8	关闭进程	kill 浏览器进程号
9	显示目录大小	du -hs /home
10	显示磁盘大小	df -h
11	查看网络配置	ifconfig
12	测试网络连接	ping 210.32.32.1（按 Ctrl＋C 退出）
13	网络状态统计	netstat -s
14	显示网络路由	netstat -r
15	显示命令帮助	man netstat（按 Q 键退出）

对于 top 动态进程列表，显示结果如图 2.4 所示，列表中依照各个进程的 CPU 占用率由大到小进行排序。

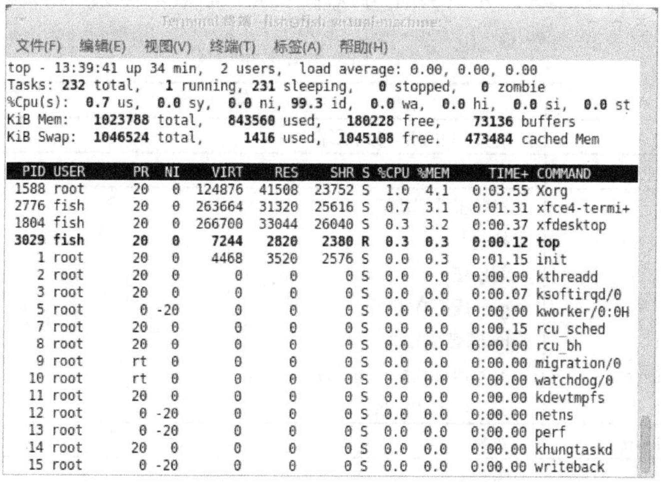

图 2.4 top 动态进程列表

对于 ps 命令，参数 aux 用来指定输出所有当前进程的详细信息。如图 2.5 所示，在用户输入 ps aux 命令后，终端打印输出的当前进程列表包含进程所有者、进程编号（PID）、CPU 占用率、内存使用率、进程状态等信息。

如果仅仅要查看某个进程的运行状况，则可以如表 2.10 中第 7 行所示，使用管道符号（"\|"）将两个命令连接起来，前一个命令的输出作为后一个命令的输入数据使用。图 2.6 演示了使用 ps 命令结合 grep 命令查看 Firefox 浏览器进程的信息。图 2.6 中的打印结果有两行，第一行为 Firefox 进程的信息，第二行则是当前执行的 grep 进程信息。

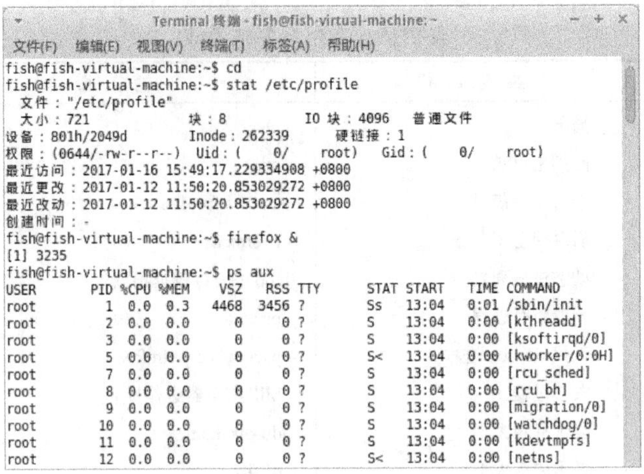

图 2.5　常用命令 3 部分练习过程

图 2.6　ps 结合 grep 命令查看进程信息

（3）表 2.11 列出了一些文件目录打包、解压和系统命令。在 Linux 虚拟机中打开一个终端，逐行输入命令，如表 2.12 所示，并在每次输入命令后观察终端中的输出结果。

表 2.11　Linux 常用命令 4

命　令	简　介
gzip	对文件用 ZIP 格式压缩
bzip2	对文件用 bzip 格式压缩
tar	打包压缩解压缩
选项 -c	打包
选项 -x	解压缩
选项 -z	gzip 压缩格式
选项 -j	bzip2 压缩格式
选项 -v	显示压缩或解压缩过程
选项 -f	指定输出文件名
shutdown	关机
reboot	重启
sudo	root 权限执行命令
apt-get	安装软件
exit	退出终端（关闭当前终端窗口）

表 2.12　常用命令练习 4

行　号	练 习 动 作	输 入 命 令
1	回到主目录	cd
2	新建 tmp 目录	mkdir tmp && cd tmp
3	复制文件	cp /etc/profile . ; ls -l
4	gzip 压缩文件	gzip profile ; ls -l

续表

行　号	练 习 动 作	输 入 命 令
5	gzip 解压文件	gzip -d profile.gz ; ls -l
6	bzip2 压缩文件	bzip2 profile ; ls -l
7	bzip2 解压文件	bzip2 -d profile.bz2 ; ls -l
8	打包 tmp 目录	cd .. ; tar -cvf tmp.tar tmp
9	打包并压缩	tar -zcvf tmp.tar.gz tmp
10	打包并压缩	tar -jcvf tmp.tar.bz2 tmp; ls -l
11	tar 解压缩	tar -xvf tmp.tar
12	tar 解压缩	tar -zxvf tmp.tar.gz
13	tar 解压缩	tar -jxvf tmp.tar.bz2
14	注销 fish 用户，重新登录	sudo skill -u fish
15	安装软件	sudo apt-get install VIM
16	系统重启	sudo shutdown -r now（立即重新启动）

在表 2.12 中，第 2 行用到了逻辑与符号（**&&**），表示当**&&**左边的命令执行成功时才会继续执行右边的命令，否则不会继续执行**&&**右边的命令。

要注意的是，两个压缩命令 gzip 和 bzip2 在压缩成功后，原始文件都会消失，tar 打包命令则在打包完成后保留原始文件。

apt-get 命令常用于在终端命令行下安装软件，如果之前已经安装过 VIM 软件，则在输入第 15 行命令后会提示需要安装或升级的软件包个数为 0。

2.3.2　VI 编辑器练习

打开一个终端，输入以下命令即可启动 VI 编辑器并且新建（或打开）一个 main.c 文件：

```
VI main.c
```

参考 2.1.3 小节中介绍的 VI 编辑器或者其他 VI 使用帮助，在 VI 编辑器中输入如下程序中的代码，并且保存退出。

程序　简单冒泡排序示例程序

```
#include <stdio.h>
void bubbleSort(int a[], int n) {
    int i, j, tmp;
    for(i = 0 ; i < n - 1; ++i) {
        for(j = 0; j < n - i - 1; ++j) {
            if(a[j] > a[j + 1]) {
                tmp = a[j];
                a[j] = a[j + 1];
                a[j + 1] = tmp;
            }
        }
    }
}
int main() {
    int i, a[8] = {3, 1, 5, 7, 2, 4, 9, 6};
```

```
    bubbleSort(a, 8);
       for (i = 0; i < 8; ++i)
           printf("%d ", a[i]);
       printf("\n");
       return 0;
    }
```

如果安装了 VIM，当成功保存文件后，VI 编辑器会识别出打开的文件为 C 文件，并在窗口中高亮显示程序代码中的语法关键字。

2.3.3   GCC 编译和 GDB 调试

VI 编辑并保存 main.c 文件后，退出 VI 编辑器，在终端中输入以下命令，编译 main.c 源文件并查看结果。

```
gcc main.c
gcc -o hello main.c
gcc -O2 -o hello_O2 main.c
gcc -g -o hello_dbg main.c ; ls -l
```

以上编译的是 main.c 文件，如果要编译 C++程序文件，那么要使用 g++命令进行编译，如对于 main.cpp 程序文件，应使用以下命令进行编译：

```
g++ main.cpp
g++ -o hello main.cpp
```

如果 main.c 文件中的程序代码有错，编译失败时不会产生可执行文件，编译结果类似图 2.7。

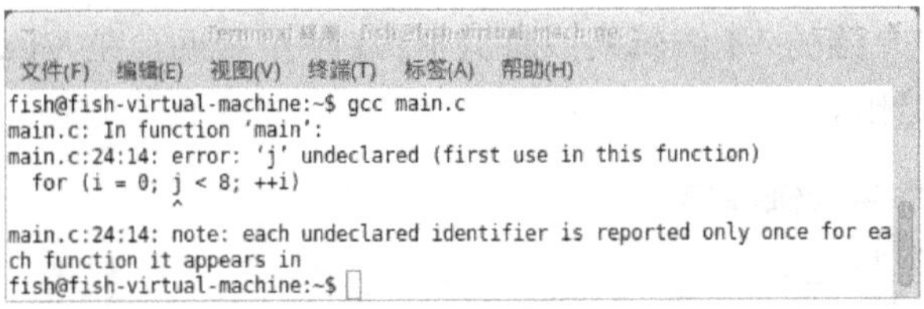

图 2.7   main.c 编译结果

程序编译出错后，重新用 VI 编辑器打开 main.c 文件，修改图 2.7 中提示的错误所在位置的代码，保存并退出 VI 编辑器，再次重新编译，直到程序编译通过。程序编译成功后，使用 ls 命令查看到的程序文件及其编译输出结果如图 2.8 所示。

图 2.8   main.c 多次编译输出结果

由图 2.8 可以看出，a.out 和 hello 两个文件大小相同，只是文件名不一样。hello_dbg 文件带有调试信息，因而比 hello 文件更大一些。

接下来，准备使用 GDB 调试程序。打开终端，用 cd 命令切换到 main.c 所在路径，然后输入表 2.13 中的指令调试 main.c 程序并查看结果。

表 2.13　GDB 调试练习

行　　号	输　入　命　令	练　习　动　作
1	gcc -g main.c -o hello	编译生成带调试信息的可执行程序 hello
2	gdb hello	开始调试 hello 程序
3	（gdb）list 1	查看 1～10 行源代码
4	（gdb）list	查看 11～20 行源代码
5	（gdb）b main	设置 main 函数的开始断点
6	（gdb）r	开始运行程序，将停在 main 函数开头
7	（gdb）n	单步执行
8	（gdb）s	单步执行，跳入 bubbleSort 函数
9	（gdb）p *a@8	查看数组 a 的 8 个元素内容
10	（gdb）p n = 4	修改函数的参数 n，原来为 8，现在改为 4
11	（gdb）c	继续运行程序，查看程序输出结果
12	（gdb）d	删除所有断点，按 Y 键确定
13	（gdb）r	重新运行程序，再次查看程序输出
14	（gdb）q	退出 GDB

2.4　实践练习

2-1　完成冒泡排序程序的编译调试过程。

2-2　在用户主目录（～/）下新建一个 test 子目录，然后在该子目录中，用 VI 编辑器输入程序代码，用 GCC 编译和 GDB 调试程序。程序功能要求如下：输入一个整数 n（n > 0 && n < 10），输出星号的菱形阵列。

例如，当输入 n=3 时，程序输出如下图形：

```
  *
 * *
* * *
 * *
  *
```

2-3　查阅资料，学习并实践 VIM 主题更换、行号显示、代码折叠等功能。

第3章
嵌入式 C 程序设计基础

3.1 背景知识

1983 年，美国国家标准化协会（ANSI）根据 C 语言问世以来的各种版本对 C 的发展和扩充，制定了新的标准，并于 1989 年颁布，被称为 ANSI C 或 C89。目前，ANSI C 的版本已经进化到 C11（ISO/IEC 9899:2011），但是流行的嵌入式 C 编译系统大都以 C89 为基础。

3.1.1 基本数据类型

表 3.1 列出了 C 语言常见的几种基本数据类型，其中 long 和指针类型占用的字节数通常由对应的目标平台决定。

表 3.1　基本数据类型

数 据 类 型	简　　介
char	字符类型，占一个字节，数值为-128～127。
unsigned char	无符号字符类型，占用一个字节，数值为 0～255。
int	整数类型，通常反映了所用机器中整数的最自然长度，通常占四个字节。
short int	短整数类型，占两个字节，数值为-32768～32767。
unsigned short int	无符号短整数类型，占两个字节，数值为 0～65535。
long int	长整数类型，通常占四个字节，数值为-2147483648～2147483647。
unsigned long int	无符号长整数类型，通常占四个字节，数值为 0～4294967295。
float	单精度浮点类型，通常占四个字节，有效数字 6 或 7 个，取值为$-3.4\times10^{-38}\sim3.4\times10^{38}$
double	双精度浮点类型，通常占八个字节，有效数字 15 或 16 个，取值为$-1.7\times10^{-308}\sim1.7\times10^{308}$
long double	高精度浮点类型，通常占八个字节，有效数字 18 或 19 个，取值为$-1.2\times10^{-308}\sim1.2\times10^{308}$
char *、int *、double *	指针数据类型，占 4 个字节

常见的 ARM 处理器一般为 32 位 CPU，配合嵌入式操作系统和交叉编译器，其基本数据类型如表 3.1 所示。如果是 64 位处理器和 64 位系统，那么 long 和指针类型的占用字节数都可能变为 8 个。因而，在 C 语言中通常用 sizeof 操作符获取数据类型大小。

在实际问题中，有些变量的取值被限定在一个有限的范围内。为此，C 语言提供了一种称为枚举的类型。枚举类型的定义中列举了所有可能的取值，被定义为该枚举类型的变量取值不能超过定义的范围。枚举类型定义的一般形式如下：

```
enum 枚举名
{
    枚举值表
};
```

在 C 语言中，还可以使用 typedef 关键字定义其他数据类型名称，其基本用法如下：

```
typedef 数据类型 自定义数据类型
```

例如：

```
typedef unsigned long unit32
```

3.1.2　变量与常量

变量和常量是程序处理的两种基本数据对象。变量是指在程序运行过程中其值可以发生变化的量，常量就是在程序运行过程中其值不能被改变的量。声明语句说明变量的名称及类型，也可以指定变量的初值。C 语言通过表达式把变量和常量组合起来生成新的值。

变量声明的基本形式如下：

```
关键字说明符    （一个或多个）变量或表达式列表；
```

表 3.2 给出了各种基本数据类型的变量声明形式。

表 3.2　简单变量定义示例

基本数据类型	关　键　字	示　　例
整型	int、unsigned、short、long	int a; unsigned long b; int c, d;
浮点型	float、double	float e; double f = 0;
字符型	char、unsigned	char g = 'G'; unsigned char h = 0xFF;
枚举类型	enum	enum bool{false, true} i, j;
指针类型	数据类型 *	int *k, *l; char *m;

变量的作用域由变量的标识符作用域决定，因此又有局部变量和全局变量的区分。

局部变量：在函数内部声明的变量称为局部变量。局部变量仅能在声明该变量的模块内部被访问，即局部变量在自己的代码模块之外是不可见的。

全局变量：全局变量贯穿整个程序，它的作用域为整个源文件，可被源文件中的任何一个函数使用。它们在整个程序执行期间都有效。

变量存储于系统内存之中，其存储方式可分为静态存储和动态存储两种。

静态存储：变量通常在程序编译时就分配了一定的存储空间并一直保持不变，直至整个程序结束。全局变量即属于此类存储方式。

动态存储：变量在程序执行过程中被使用时才分配存储单元，使用完毕立即释放。

常量的定义通常有 const 定义和 define 定义两种：

```
const int a = 10;
#define LEN 10
```

常量数值又包含整型常量、实型常量、字符常量和字符串常量。

C 语言中，整型常量可以用八进制、十进制和十六进制表示。八进制整数需要以字符 0 作为前缀开头，十六进制整数需要以"0x"作为前缀开头。对于用 long 关键字说明的整型常量，可以在末尾加上字母 L 或 l 代表长整型，对于用 unsigned 关键字说明的整型常量，可以在末尾加上字母 U 或 u 代表无符号整型常量。

实型常量只采用十进制表示，但它有两种形式：十进制数形式和指数形式。所有浮点常量都被默认为 double 类型，对于 float 关键字说明的实型常量，可以在末尾加上字母 F 或 f 代表 float 类型的浮点数。

对于字符常量，需要将单个字符用单引号括起来，如'A'、'+'，个别字符还需要用反斜杠进行转义表示，如'\\'和'\''表示反斜杠和单引号两个字符常量。表 3.3 列出了常见的转义字符及其含义。

表 3.3　常见转义字符及其含义

字符形式	含　　义	ASCII 代码（十进制）
\n	回车换行	10
\t	水平跳到下一制表位置	9
\b	向前退一格	8
\r	回车，将当前位置移到本行开头	13
\f	换页，将当前位置移到下页开头	12
\\	反斜杠符	92
\'	单引号符	39
\ddd	1～3 位八进制数所代表的字符	
\xhh	1 或 2 位十六进制数所代表的字符	

字符串常量是指用一对双引号括起来的一串字符，双引号只起定界作用，如果括起来的字符串中有双引号或反斜杠符，那么该双引号或反斜杠符还要用反斜杠（\）进行转义。在 C 语言中，字符串常量在内存中存储时，系统会自动在字符串的末尾加一个"串结束标志"（字符'\0'）。

3.1.3　运算符与表达式

运算符用来指定将要进行的操作，表达式就是操作数和运算符的组合连接。表 3.4 列出了 C 语言中的运算符分类。

表 3.4　C 语言中的运算符分类

运算符类型	说　　明
算术运算符	+、-、*、/、%
关系运算符	>、<、==、>=、<=、!=
逻辑运算符	!、&&、||
位运算符	<<、>>、^、|、&、～
赋值运算符	= 及其扩展赋值运算符（如+=、-=、*=、/=、&=、<<=、>>=、&=、|=）
条件运算符	?、:
逗号运算符	,
指针运算符	*、&

续表

运算符类型	说　明
求字节数运算符	sizeof
强制类型转换运算符	(类型)
分量运算符	.、->
下标运算符	[]
其他	如函数调用运算符()

根据组合连接所用的运算符不同，通常可以把表达式分为算术表达式、赋值表达式和关系表达式。

用算术运算符和括号可以将操作数连接起来组成算术表达式。例如：

```
a + 2 * b - 5
18 / 3 * (2.5 + 8) - 'a'
```

混合运算时，要注意运算符的优先级和类型转换这两个问题。

C语言对每一种运算符都规定了优先级，混合运算中应按次序从高优先级的运算执行到低优先级的运算。

当一个运算符的几个操作数类型不同时，就需要通过一些规则把它们转换为某种共同的类型。一般而言，自动类型转换是指把"比较窄的"操作数转换为"比较宽的"操作数，并且不丢失信息的转换。C语言中有很多情况会进行隐式的算术类型转换，表达式中含有 unsigned 类型的操作数时要特别注意，例如：

```
unsigned int a = 5;
int b = -1;
int c = -5;
int d = a + b;
printf("%d > (%d + %d) : %s\n", c, a, b, c > a + b ? "TRUE" : "FALSE");
printf("%d > %d : %s\n", c, d, c > d ? "TRUE" : "FALSE");
```

上述程序代码有两行输出，第一行输出的关键在于 c > a + b 语句的比较，这里因为 a 是 unsigned 类型，那么 c 和 b 都将转为 unsigned 类型，即 a+b 的结果为 4，而 c 的转换结果为 0xFFFFFFB，最后得出 c > a + b 的结果。这两行输出的结果如下：

```
-5 > (5 + -1) : TRUE
-5 > 4 : FALSE
```

在一个表达式中混合有多种运算符的时候，要特别注意各种运算符的优先级。如下面两行表达式，初学者在记不清运算符的优先级时很可能判断出错误结果：

```
int a = 3, b = 2;
int ret = a + b >> 2;        // ret = 1
int n = 5 % 3 & 2 * 4;       // n = 0
```

C语言中常见运算符的优先级顺序如表3.5所示，如果不确定优先级顺序，则加小括号可区分先后顺序，也可以将过于复杂的表达式分为多行来写。

表 3.5　常见运算符优先级

运　算　符	优 先 级
()、[]、->、.	高
!、~、++、--、正号 (+)、负号 (-)、取值 (*)、取地址 (&)、类型转换 sizeof	
*、/、%	
+、-	
<<、>>	
<、<=、>、>=	
==、!=	
&	
^	
|	
&&	
||	
?:	
=、+=、-=、*=、/=、%=、&=	
^=、|=、<<=、>>=	
,	低

　　表 3.5 中的优先级分得比较细，不容易记忆，可以把握一个大致的优先级：单目运算符>
算术运算符>关系运算符>位运算符>&&和\|\|>赋值运算符。

　　还要注意的是，大多数运算符的结合性是从左至右的，比较特别的是赋值运算符结合性为
从右至左，单目运算符（排除()、[]、->和.）也是从右至左结合的，例如：

```
int a = 3, b = 2, c;
char str[] = "Hello\n";
char *p = str;
printf("a = %d, b = %d, c = %d\n", a, b, c = a = b);
while (*p) putchar(*p++);          // 输出Hello
```

　　上述的代码中，在 printf 一行语句中，因为函数的参数求值顺序在不同的编译器中可能产
生不同的结果，因此对这种情况建议将该行语句分为两行来写，以明确 printf 打印时 a、b、c
三个变量的值。

3.1.4　程序结构

　　如图 3.1 所示，C 语言中的语句可以分为 3 种基本结构：顺序结构、分支结构和循环结构。
C 语言中的控制语句用于控制程序的流程，以实现程序的各种结构方式，包括条件判断语
句、循环语句和转向语句。

　　if-else 语句用于条件判定，语法如下：

```
if (表达式)
语句1
else
语句2
```

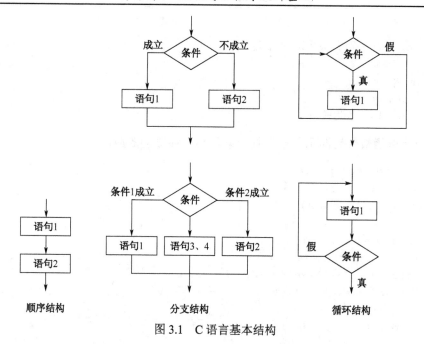

图 3.1　C 语言基本结构

还有 else-if 语句，结构如下：

```
if (表达式)
语句
else if (表达式)
语句
    else if (表达式)
        语句
    else
        语句
```

对于多路判定常使用 switch 语句，它测试表达式是否与一些常量整数值中的某一个值匹配，并执行相应的分支动作。

```
switch (表达式) {
    case 常量表达式1：语句序列
    case 常量表达式2：语句序列
default：语句序列
    }
```

循环语句包括 while 循环、do-while 循环与 for 循环，其各自语法形式如下：

```
while (表达式)
    语句
表达式1；
    while (表达式2) {
        语句
        表达式3；
    }
```

```
for  (表达式1; 表达式2; 表达式3)
    语句
do  {
    语句
} while (表达式);
```

以下几个示例函数代码演示了条件判断语句和循环语句的应用。

```c
#include <ctype.h>
// atoi: 字符串转换为整数
int atoi(char s[])
{
  int i = 0, n, sign;
    while(isspace(s[i++]));
  sign = (s[--i] == '-') ? -1 : 1;
  if (s[i] == '+' || s[i] == '-')
      ++i;
    for (n = 0; isdigit(s[i]); ++i)
      n = n * 10 + (s[i] - '0');
    return sign * n;
}
// shellsort: 堆排序函数
void shellsort(int v[], int n)
{
  int gap, i, j, temp;
    for (gap = n / 2; gap > 0; gap /= 2)
      for (i = gap; i < n; ++i)
          for (j = i - gap; j >= 0 && v[j] > v[j + gap]; j -= gap)
          {
              temp = v[j];
            v[j] = v[j + gap];
            v[j + gap] = temp;
          }
}
// reverse: 反转字符串函数
void reverse(char s[])
{
    int c, i = 0, j = strlen(s) - 1;
    while (i < j) {
        c = s[i];   s[i] = s[j];   s[j] = c;
        ++i;    --j;
    }
}
// itoa: 整数转换为字符串函数
void itoa(int n, char s[])
{
```

```
    int i, sign;
    if ((sign = n) < 0)
        n = -n;
    i = 0;
    do {
        s[i ++] = n % 10 + '0';
    } while ((n /= 10) > 0);
    if (sign < 0)
        s[i ++] = '-';
    s[i] = '\0';
    reverse(s);
}
```

C 语言中的转向语句包括 break 语句、continue 语句和 goto 语句。break 语句可用于从 for、while 与 do-while 等循环中提前退出,如同从 switch 语句中提前退出一样。continue 语句在 while 与 do-while 语句中,continue 语句的执行意味着立即执行循环测试部分,在 for 循环中则意味着使控制转移到递增循环变量部分。goto 语句常见的用法是配合标号终止程序在深度嵌套的结构中跳出两层或多层循环。例如:

```
for (...)
    for (...) {
        ...
        if (wrong)
        goto error;
    }
    ...
error:
    // 错误处理
```

3.1.5　数组、结构体和指针

数组属于构造数据类型。一个数组可以分解为多个数组元素,这些数组元素可以是基本数据类型或构造类型。

C 语言中使用数组前必须先进行定义。数组定义的一般形式如下:

类型说明符 数组名[常量表达式];

C 语言中规定数组必须逐个元素引用,而不能整体引用。因此,数组的引用实际上就是数组元素的引用。数组元素一般使用中括号加下标的表示方法,其中下标只能为整型常量或整型表达式:

数组名[下标]

数组的初始化有多种方法,如下所示,可以在定义的时候进行部分或整体初始化:

(1) 定义时整体初始化:

```
char a[10]={'a','b','c','d','e','f','g','h','j','k'};
```

(2) 定义时部分初始化:

```
char a[10]={'a','b','c','d','e'};
```

（3）数组全部赋值：

```
char a[]={'a','b','c','d','e','f','g','h','j','k'};
```

字符串是比较特别的一种数组，字符串的内容保存在字符数组里，规定以'\0'作为字符串结束标志。在使用"%s"格式符输出字符串时，遇到'\0'就自动停止，并且在输出字符中不包含'\0'。C 语言的库函数提供了一些用来处理字符串的函数，使用时要记得引入 string.h 头文件。

结构体和数组一样，也是一种构造型数据类型。与数组不同的是，在结构体中可以包含不同数据类型的成员。结构体的使用时非常灵活，可以方便地构建复杂的数据类型。

定义结构体变量的一般形式如下：

```
struct 结构体名
{
    类型 成员名;
    类型 成员名;
    ...
}结构体变量名;
```

结构体变量的成员一般用以下形式表示：

```
结构体变量名.成员名
```

关于数组和指针，其共性在于：表达式中的数组名被编译器当作指向该数组第一个元素的指针，下标总是与指针的偏移量相同。在函数参数的声明中，数组名被编译器当作指向该数组第一个元素的指针。

数组和指针的区别在于：数组用于保存数据，对象空间由编译器自动分配和删除，其访问数据的方式为直接访问，通常用于存储固定数目且数据类型相同的元素；指针则用于保存数据的地址，其采用间接访问，首先取得指针的内容，把它作为地址，然后从这个地址提取数据。指针通常用于动态数据结构，编译器只分配存储指针自身的空间。

虽然数组名也表示数组的首地址，但由于数组名为指针常量，其值是不能改变的（不能进行自加、自减操作等）。如果把数组的首地址赋给一个指针变量，则可以移动这个指针来访问数组中的元素。

3.1.6 函数

函数是能完成一定功能的执行代码段，是实现模块化编程的重要工具。函数的定义形式如下：

```
返回值类型 函数名(参数声明列表)
{
    声明和语句
}
```

函数的参数分为形参和实参两种。在函数调用时，实参把存储单元中的数据赋值给形参的存储单元；而在函数调用后，若形参的值发生了改变，则它无法传递给实参（由于参数的传递是单向的，因此从实参传递给形参）。因此，若希望从被调用函数将值传递给调用函数，大多使用返回语句（return）或以指针的形式。

　　函数的返回值是被调用函数返回给调用函数的值。函数的返回值只能通过 return 语句返回主调函数，return 语句的一般形式如下：

```
return 表达式；
```
　　或者
```
return (表达式)；
```

　　该语句的功能是计算表达式的值，并返回给主调函数。在函数中允许有多个 return 语句，但每次调用只能有一个 return 语句被执行，因此只能返回一个值。

　　函数返回值的类型和函数定义中函数的类型应保持一致。如果两者不一致，则以函数定义中的类型为准，自动进行类型转换。如函数返回值为整型，则在函数定义时可以省去类型说明。没有返回值的函数，可以明确定义为空类型，类型说明符为 void。

3.1.7　系统调用及 API

　　在 Linux 中，为了更好地保护内核，将程序的运行空间分为内核空间和用户空间（也就是常称的内核态和用户态），它们分别运行在不同的级别上，逻辑上是相互隔离的。因此，用户进程在通常情况下不允许访问内核数据，也无法使用内核函数，它们只能在用户空间操作用户数据，调用用户空间的函数。系统调用正是操作系统向用户程序提供支持的接口，通过这些接口应用程序向操作系统请求服务，控制转向操作系统，而操作系统在完成服务后，将控制和结果返回给用户程序。

　　系统调用并不直接与程序员进行交互，它仅仅是一个通过软中断机制向内核提交请求以获取内核服务的接口。系统调用接口看起来和 C 程序中的普通函数调用很相似，它们通常通过库把这些函数调用映射成进入操作系统所需要的操作。这些操作只是提供一个基本功能集，而通过库对这些操作的引用和封装，可以形成丰富而且强大的系统调用库。这里体现了机制与策略相分离的编程思想——系统调用只是提供访问核心的基本机制，而策略是通过系统调用库来体现的。所以，实际使用中程序员调用的通常是应用编程接口（Application Programming Interface，API）。

　　例如，创建进程的 API 函数 fork() 对应于内核空间的 sys_fork() 系统调用，但并不是所有的函数都对应一个系统调用。有时，一个 API 函数会需要几个系统调用来共同完成函数的功能，甚至有一些 API 函数不需要调用相应的系统调用（因此它所完成的不是内核提供的服务）。

　　Linux 下的用户编程接口 API 包括进程控制、文件读写、文件系统操作、系统控制、内存管理、网络管理、socket 控制、用户管理和进程间通信等系统调用。

3.2　预习准备

3.2.1　预习要求

　　复习 C 程序的语法要点。

安装好 Code::Blocks 集成开发环境、g++编译器。

了解配套嵌入式开发板。

3.2.2　实践目标

（1）熟悉 Linux 环境 C 编程语言。

（2）熟悉 Code::Blocks 集成开发环境。

（3）掌握 ARM Linux 程序下载调试方法。

3.2.3　准备材料

（1）嵌入式平台 ARM 开发板一套，本书使用的 ARM 开发板为友善之臂的 Mini2451 开发板，开发板介绍参见附录或者开发板配套光盘中的用户手册。

（2）USB 转串口模块一个。

3.3　实践内容和步骤

3.3.1　Code::Blocks 使用

启动 Linux 虚拟机，进入到桌面后，选择桌面任务栏中"开发"栏中的"Code::Blocks IDE"选项，如图 3.2 所示，启动 Code::Blocks 集成开发环境。

图 3.2　启动 Code::Blocks

Code::Blocks 程序启动后初始欢迎界面如图 3.3 所示，程序界面布局大致如图 3.3 所示，分为菜单工具栏、工程管理栏、编辑窗口、编译及消息输出窗口四个部分。

在建立工程和编写程序代码之前，可以先设置一下 Code::Blocks 中的 ARM 交叉编译器。如图 3.4 所示，选择"Settings"菜单栏中的"Compiler"项，然后在图 3.5 所示的弹出对话框中，选择上方编译器列表中的"GNU GCC Compiler for ARM"选项。

选好要设置的编译器后，选择图 3.5 中的"Toolchain executables"选项卡，然后如图 3.6 所示，设置 ARM 交叉编译器所在路径和编译器执行程序名称。如果编译器安装路径不是按照第 1 章内容介绍的方法安装的，那么 ARM 编译器所在路径可能与图中所示路径不同，要注意修改。

图 3.3 Code::Blocks 初始界面

图 3.4 全局编译器设置菜单项

图 3.5 选择 "GNU GCC Compiler for ARM" 选项

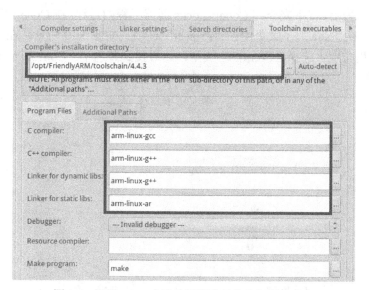

图 3.6 设置 ARM 交叉编译器路径及执行程序名称

编译器设置完成后，记得单击确定按钮保存设置。如果编译器设置错误，或者修改了默认的 GNU GCC 编译器的设置，那么都会影响到后续的编译结果。如图 3.7 所示，编译器报错提示"The compiler's setup (GNU GCC Compiler) is invalid"，意即 GNU GCC 编译器的设置无效，很有可能就是设置 ARM 交叉编译器时修改了 GNU GCC 编译器的设置，遇到这种情况需要恢复 GNU GCC 编译器的默认设置。可以在全局编译器设置窗口中，选择好 GNU GCC 编译器后，单击"Reset defaults"按钮进行恢复，如图 3.8 所示。

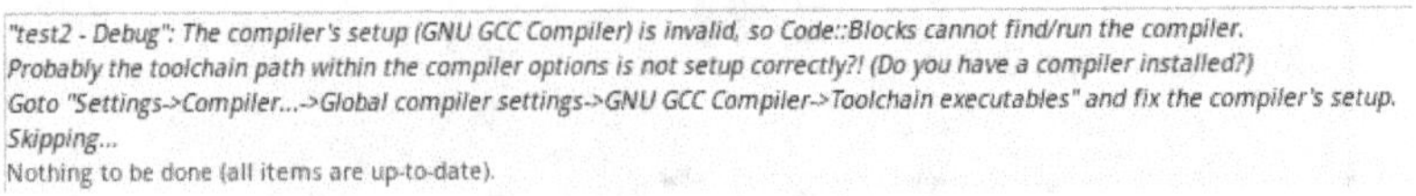

"test2 - Debug": The compiler's setup (GNU GCC Compiler) is invalid, so Code::Blocks cannot find/run the compiler.
Probably the toolchain path within the compiler options is not setup correctly?! (Do you have a compiler installed?)
Goto "Settings->Compiler...->Global compiler settings->GNU GCC Compiler->Toolchain executables" and fix the compiler's setup.
Skipping...
Nothing to be done (all items are up-to-date).

图 3.7　GNU GCC 编译器无效设置引起的编译错误

图 3.8　恢复编译器设置

如果遇到图 3.9 所示的编译报错情况，提示"The compiler's setup (GNU GCC Compiler for ARM) is invalid"，则可能是图 3.6 中的 ARM 交叉编译器没有完成设置，此时需要回到图 3.6 所示的窗口中仔细检查并确认。

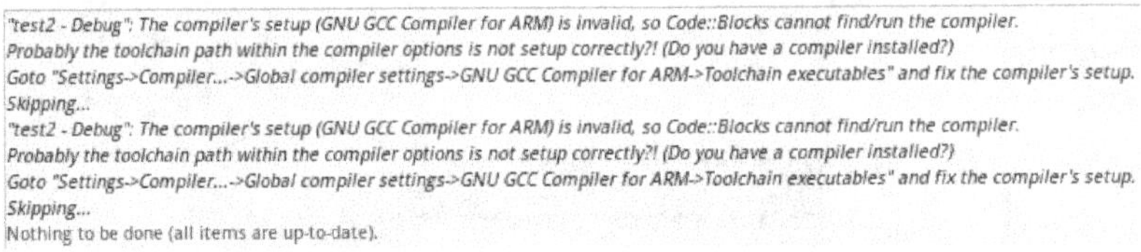

"test2 - Debug": The compiler's setup (GNU GCC Compiler for ARM) is invalid, so Code::Blocks cannot find/run the compiler.
Probably the toolchain path within the compiler options is not setup correctly?! (Do you have a compiler installed?)
Goto "Settings->Compiler...->Global compiler settings->GNU GCC Compiler for ARM->Toolchain executables" and fix the compiler's setup.
Skipping...
"test2 - Debug": The compiler's setup (GNU GCC Compiler for ARM) is invalid, so Code::Blocks cannot find/run the compiler.
Probably the toolchain path within the compiler options is not setup correctly?! (Do you have a compiler installed?)
Goto "Settings->Compiler...->Global compiler settings->GNU GCC Compiler for ARM->Toolchain executables" and fix the compiler's setup.
Skipping...
Nothing to be done (all items are up-to-date).

图 3.9　ARM 交叉编译器无效设置引起的编译错误

编译器设置完成后，接下来介绍 Code::Blocks 新建工程的过程。在 Code::Blocks 主界面中，选择"File"菜单中"New"子菜单中的"Project"选项。如图 3.10 所示，在新建工程对话框中，在上方的工程类别中选择"Console"类型，然后找到并选中"Console application"图标，单击"Go"按钮。

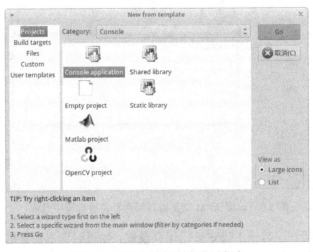

图 3.10　选择新建控制台应用程序

　　进入欢迎页面，单击"Next"按钮跳过，然后在语言类型选择页面中，根据功能需求，可选择 C 语言或 C++语言。本书示例都选择 C 语言进行程序设计，单击"Next"按钮进入如图 3.11 所示的新建工程设置页面。

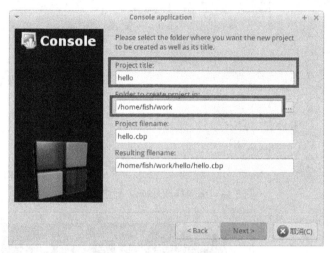

图 3.11　新建工程设置页面

　　在图 3.11 所示的页面中，填入工程名称为"hello"，同时设置好工程存放路径，下方的工程文件名即会自动修改。单击"Next"按钮跳到最后的工程编译器选择页面，保持默认的"GNU GCC Compiler"编译器不变，单击"Finish"按钮。

　　新建工程完成后，单击 Code::Blocks 主界面左侧工程管理栏中的 Sources，展开文件列表，双击 main.c 文件即可查看新建工程时自动创建的 main 程序代码，如图 3.12 所示。

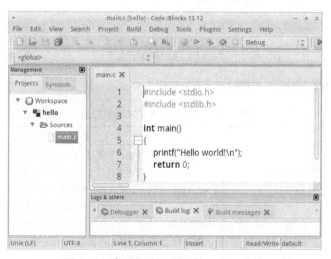

图 3.12　查看新建工程后的 main.c 文件

　　可以看到，hello 工程已经建好了，main 函数默认打印一行信息。按照图 3.13，修改程序代码，将程序功能改为对一个长度为 10 的整型数组的排序，并将排序后的结果打印输出。

　　程序编辑修改完成后，按快捷键 F9，Code::Blocks 调用编译器进行编译，并在编译成功后运行程序。运行结果如图 3.14 所示。

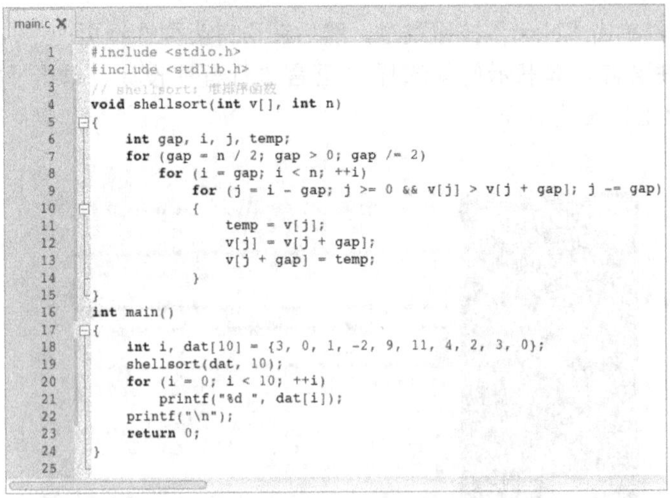

图 3.13　编辑修改 main.c 程序代码

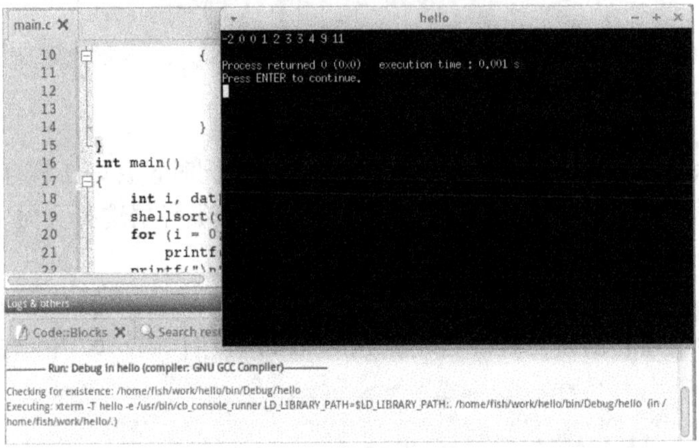

图 3.14　编译运行结果

Code::Blocks 程序常用快捷键如表 3.6 所示。

表 3.6　Code::Blocks 常用快捷键

快 捷 键	功　能
F2	显示/关闭编译输出消息窗口
Shift + F2	显示/关闭工程管理窗口
F4	进入调试模式并运行到光标所在行
F5	设置/取消断点
F7	单步执行
Shift + F7	单步执行并跳入函数内
F8	开始调试/连续执行到断点
Shift + F8	停止调试
F9	编译后运行
Ctrl + F9	编译
Ctrl + F10	运行
Ctrl + F11	重新完全编译

下面介绍，编译 ARM 版本的应用。右击左侧工程栏中的工程名称（hello），如图 3.15 所示，选择"Build options"选项。

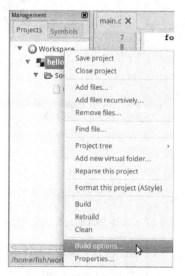

图 3.15　设置工程编译选项

如图 3.16 所示，在弹出的工程编译选项对话框中，选择左侧的"Release"版本（Debug版本不修改），再将其编译器由"GNU GCC Compiler"修改为"GNU GCC Compiler for ARM"，单击"确定"按钮。

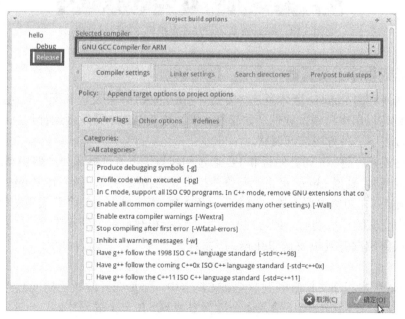

图 3.16　修改 Release 版本编译器

回到 Code::Blocks 主界面后，如图 3.17 所示，选择上方工具栏中"Debug/Release"版本中的"Release"选项，单击工具栏中的图标，或者按快捷键 Ctrl + F11 重新编译。编译后查看下方的编译记录，可以看到，Release 版本的编译调用了 arm-linux-gcc 编译器。

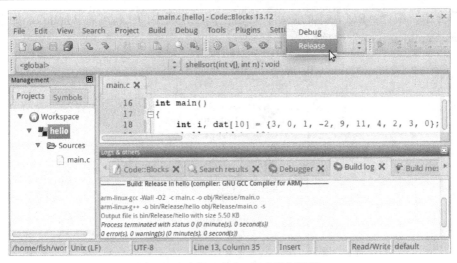

图 3.17　选择 Release 版本进行编译

对于 Release 版本，如果按 F9 键运行程序，如图 3.18 所示，可以发现，ARM Linux 版本的程序无法在 Linux 虚拟机上运行。这是因为编译器编译的时候对应的处理器指令是 ARM 指令集，无法在 X86 架构的 CPU 上运行。

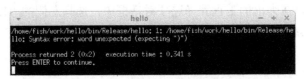

图 3.18　Release 版本程序在虚拟机中的运行结果

3.3.2　目标板程序下载调试

要运行编译好的 Release 版本程序，需要有相应的 ARM 开发板和配套的连接线。PC 端的 Windows 系统可以用串口调试软件（如超级终端）连接 ARM 开发板运行程序。Release 版本程序可以通过以下三种方法运行调试。

采用网络连接，将 ARM 开发板和 PC 通过网线直连或者都接入一个路由器或交换机（都接入一个局域网），设置 Linux 虚拟机网络连接方式为桥接方式，然后在 Linux 虚拟机中配置 NFS 服务。最后，在超级终端下输入命令将远程 NFS 服务器上的某个目录挂载为本地子目录，每当虚拟机中交叉编译成功后，即可在开发板上运行挂载目录中的程序。

通过超级终端向开发板发送 Release 版本程序文件，然后输入命令运行发送过去的程序文件。

将 Release 版本程序文件复制到 U 盘或 SD 卡中，然后在开发板上插入 U 盘或 SD 卡，等待开发板识别后，在超级终端下输入命令运行 U 盘或 SD 卡上的程序。

对于以上三种方法，考虑到大多数教学实践环境的网络资源限制问题，本书对第 1 种方法不做详细介绍，有兴趣的读者可以查看开发板用户手册中的 NFS 网络调试方法。第 3 种方法需要一个 U 盘或 SD 卡，每次调试程序都要重新复制一遍，效率不高。此处介绍第 2 种方法。

如图 3.19 所示，将开发板的串口通过串口线连接到 USB 转串口模块的 USB 端，然后将

USB 转串口模块的 USB 端通过 USB 线连接到 PC 端。

图 3.19 Mini2451 开发板通过模块与 PC 连接

如果 PC 端有串口端口，则可以不需要 USB 转串口模块，将开发板的串口与 PC 串口直接相连，如图 3.20 所示。

硬件连接完成后，要检查 PC 端的 USB 串口。右击 Windows 系统桌面上的"计算机"图标，选择"管理"选项，进入计算机管理界面，选择左侧的"设备管理器"，然后把"端口"项目展开，检查 USB 串口，如图 3.21 所示。

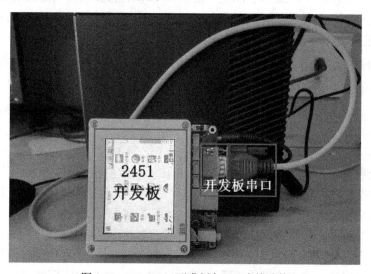

图 3.20 Mini2451 开发板与 PC 直接连接

由图 3.21 可知，开发板的串口通过 USB 转串口模块连接到了 PC 端的 COM2 端口。要注意 PC 端的这个串口号不是固定的，不同的电脑所接的 USB 端口不同，Windows 系统安装的应用软件不同，都会影响这个串口号，所以要在这个计算机管理窗口中确认好。

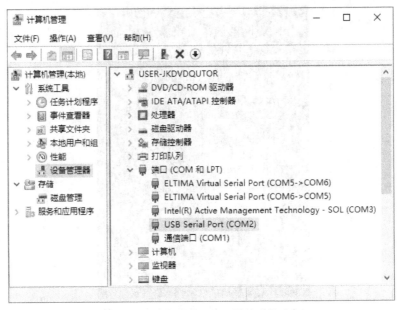

图 3.21　确认 USB 转串口模块连接串口

要注意的是，在使用 USB 转串口模块时需要安装模块驱动程序，如果 Windows 系统之前没有安装，则在图 3.21 中可能找不到 USB Serial Port，具体的驱动程序安装根据所用的 USB 转串口模块而定。例如，图 3.19 所示的 USB 转串口模块是基于 FTDI 公司的 USB 桥接器件设计的，模块的驱动程序可以到 FTDI 公司官网进行下载，或者由 USB 转串口模块厂商提供。

准备好超级终端软件，Windows 7 以上系统可以用 Windows XP 系统下的超级终端软件，或者从网上下载一个超级终端。可用的超级终端软件应该至少包含 hypertrm.exe、hticons.dll 和 hypertrm.dll 三个文件。

双击 图标，运行 hypertrm.exe 可执行程序，会弹出对话框提示新建连接，如图 3.22 所示，输入新建的连接名称，单击"确定"按钮。

如图 3.23 所示，在端口选择页面中，选择之前端口检查中找到的开发板连接的 PC 端串口号（此处为 COM2），单击"确定"按钮。

串口连接属性设置如下：波特率为 115200bps（位/秒），数据位为 8 位，无奇偶校验，停止位为 1 位，无数据流控制（此设置很重要）。单击"确定"按钮后，如果连接正确，端口没错，超级终端就能成功和开发板进行通信了。将开发板重新上电复位，可以在超级终端窗口中看到开发板上电启动过程中的一系列输出信息，如图 3.24 所示。

由图 3.24 可知，开发板上的 ARM Linux 系统已经启动，在超级终端中回车后激活开发板上的终端，输入 ls 命令并回车，就能列出开发板根目录下的文件和子目录情况，如图 3.25 所示。

准备下载目标程序。在虚拟机中编译好了 ARM Linux 平台的应用程序后，就可以通过超级终端下载到开发板上了。如图 3.26 所示，将 3.3.1 小节中编译好的 Release 版本的 hello 程序复制到虚拟机共享目录中。为了方便下载，新建工程项目时可以直接把新建项目路径选择到共享目录，以跳过复制目标程序文件这一步。

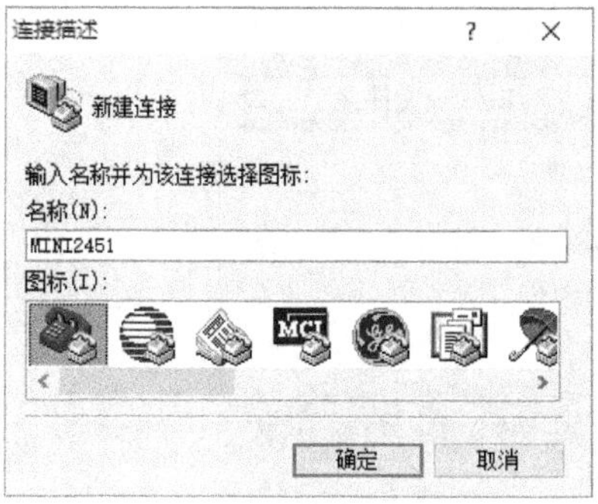

图 3.22　超级终端新建连接 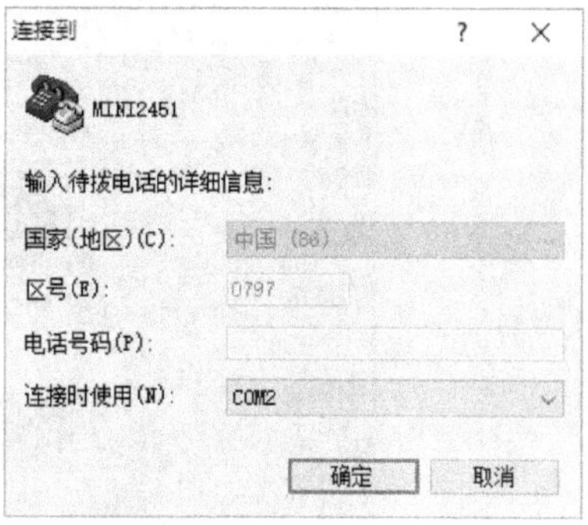　　　　　　图 3.23　选择 Mini2451 开发板所接的 PC 端串口号

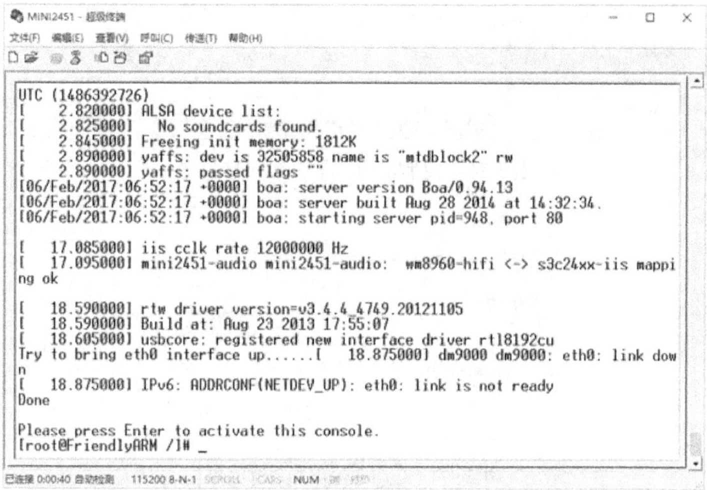

图 3.24　超级终端中开发板启动输出信息

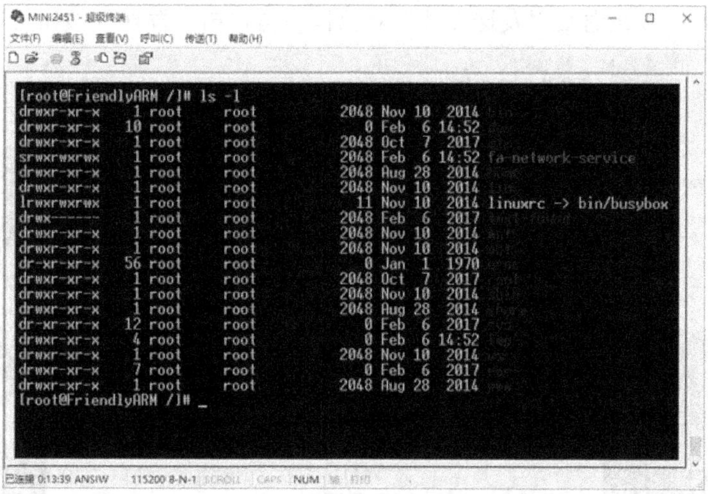

图 3.25　输入 ls 命令查看文件子目录情况

　　回到 Windows 下的超级终端程序，现在准备将 hello 程序发送到开发板的根目录下，选择"传送"菜单中的"发送文件"选项，弹出如图 3.27 所示的"发送文件"对话框。

图 3.26　复制 hello 程序到共享目录

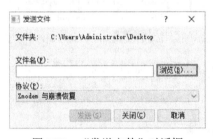

图 3.27　"发送文件"对话框

单击"浏览"按钮，如图 3.28 所示，找到 Windows 下的共享目录，并选择该目录下的 hello 文件，单击"打开"按钮返回"发送文件"对话框，再单击"发送"按钮发送 hello 文件。

图 3.28　选择发送共享目录中的 hello 文件

注意：超级终端发送的 hello 文件在开发板上并没有可执行权限，所以文件发送完成后，如果直接执行程序，则得到的是图 3.29 的结果，提示用户 hello 程序拒绝访问。

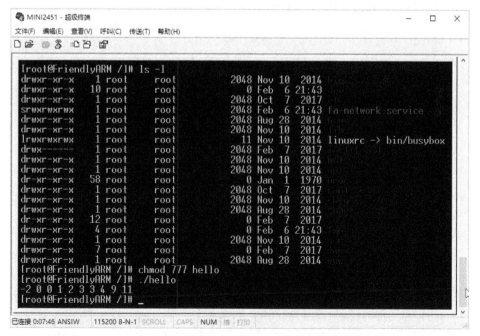

图 3.29　执行程序提示拒绝访问

因此，程序文件发送完成后，还需要执行 chmod 命令修改权限，然后才可以执行，操作过程如图 3.30 所示。

图 3.30　设置权限并运行 hello 程序

　　需要注意的是，超级终端发送文件到开发板上时，如果开发板上当前路径已经存在同名的文件，那么发送文件将会失败，但是超级终端并没有任何提示。因此，每次编译成功后，在下载程序到开发板上时，要先在超级终端下执行 rm 命令将之前已经发送的程序文件删除。

3.4　实践练习

　　3-1 用 C 语言设计程序，输入一个整数 N（N<100），打印 N*N 的环形矩阵。

　　例如，N = 3，则打印：

```
1 2 3
8 9 4
7 6 5
```

　　又如，N = 4，则打印：

```
1  2  3  4
12 13 14 5
11 16 15 6
10 9  8  7
```

　　3-2 设计一个程序，判断输入的一个整数是否为回环数，如 12321、595 都是回环数。（注意：不得使用字符串函数。）

　　3-3 求 10000 以内的一种平方数：如 144、225、400，至少含有相邻两个相同数字的平方数。

　　3-4 幸运的素数：打印出所有的幸运数（本题所谓的幸运数指 1111151 这样的既是 7 位素数，又仅有一位数不同的数字），并统计一千万以内的素数个数和 7 位幸运数个数。

　　注意：内存使用不超过 4MB，运行时间小于 5s。

第 4 章

Bootloader 配置与修改

4.1 背景知识

在 PC 上电时，引导程序 BIOS 先开始执行，然后读取并执行位于硬盘主引导记录（Main Boot Record，MBR）中的 Bootloader（如 LILO 或 GRUB），并进一步引导操作系统的启动。在嵌入式系统中通常没有像 BIOS 那样的固件程序，系统的加载启动由 Bootloader 来完成。它的主要功能是加载与引导操作系统内核映像。Bootloader 是嵌入式系统在加电后执行的第一段代码，待其完成 CPU 及相关硬件的初始化后，再将操作系统映像装载到内存中，然后跳转到操作系统代码所在的地址空间以启动操作系统。目前，Bootloader 有很多种，但其中最常用的是 U-Boot。

对于 S3C2410/2440/2451 系统，常见的 Bootloader 一般有以下几种。

VIVI：由三星公司提供，开放源代码，必须使用 arm-linux-gcc 进行编译，目前已经基本停止发展，主要适用于三星 S3C24xx 系列的 ARM 芯片，用以启动 Linux 系统，支持串口下载和网络文件系统启动等常用简易功能。

Superboot：由友善之臂提供并积极维护，不提供源代码，支持跨平台的 USB 下载工具 MiniTools，也支持 SD 卡脱机烧写，同时支持 CRAMFS、YAFFS 文件系统，自动识别并启动 Linux、WinCE 和 uCos 等多种嵌入式操作系统，非常适合在批量生产中使用。

vboot：由友善之臂制作并开源提供，它的功能很简单，只是启动 Linux 系统。

YL-BIOS：深圳优龙基于三星的监控程序 24xxmon 改进而来，提供源代码，可以使用 ADS 进行编译，整合了 USB 下载功能，仅支持 CRAMFS 文件系统，并增加了手工设置启动 Linux 和 WinCE，下载到内存中执行测试程序等多种实用功能。因其开源，该 Bootloader 被诸多其他嵌入式开发板厂商所采用。

U-Boot：专门针对嵌入式 Linux 系统设计的最流行开源 Bootloader，必须使用 arm-linux-gcc 进行编译，具有强大的网络功能，支持网络下载内核并通过网络启动系统，U-Boot 处于持续更新中。U-Boot 为开源软件，具有一套完整的操作命令，定制方便。本章以 U-Boot 为例来讲解 Bootloader 的移植、配置、编译与下载。

4.1.1　U-Boot

　　U-Boot（Universal Boot Loader）是由 DENX 小组开发的遵循 GPL 条款的开放源码项目。U-Boot 的主要功能包括：初始化硬件设备，搬运操作系统代码，提供一套完整的操作指令集。U-Boot 从 FADSROM、8xxROM、PPCBOOT 逐步发展演化而来。其源码目录、编译形式与 Linux 内核很相似，事实上，不少 U-Boot 源码就是根据相应的 Linux 内核源程序进行简化而形成的，尤其是一些设备的驱动程序，这从 U-Boot 源码的注释中可以体现。U-Boot 不仅支持嵌入式 Linux 系统的引导，还支持 OpenBSD、 NetBSD、FreeBSD、4.4BSD、Solaris、VxWorks、LynxOS、QNX、RTEMS、ARTOS、Android 等操作系统。在 CPU 上，除了支持 PowerPC 系列的处理器外，还支持 MIPS、X86、ARM、NIOS、XScale 等诸多常用系列的处理器。这两个特点正是 U-Boot 项目的开发目标，即支持尽可能多的嵌入式处理器和嵌入式操作系统。就目前来看，U-Boot 对 Linux 的支持最完善。

　　U-Boot 项目的维护人为德国 DENX 软件工程中心的工程师 Wolfgang Denk。众多有志于 U-Boot 开发工作的嵌入式开发人员正努力地对 U-Boot 进行完善，以支持更多的硬件设备与更多的嵌入式操作系统的装载与引导。总而言之，U-Boot 具有以下特点。

　　（1）开放源码。

　　（2）支持多种嵌入式操作系统内核，如 Linux、NetBSD、VxWorks、QNX、RTEMS、ARTOS、LynxOS、Android。

　　（3）支持多个处理器系列，如 PowerPC、ARM、X86、MIPS。

　　（4）具有较高的可靠性和稳定性。

　　（5）可进行高度灵活的功能设置，适用于调试、不同引导需求、产品发布等。

　　（6）支持丰富的设备驱动源码，如串口、以太网、SDRAM、Flash、LCD、NVRAM、EEPROM、RTC、键盘等。

　　（7）具备较为丰富的开发文档。

　　Bootloader 是嵌入式系统开发过程中不可逾越的一步，其作用就是初始化必要的硬件，建立完整的内存映射图，为后续操作系统的运行建立一个合适的软硬件环境。U-Boot 主要功能如下。

　　（1）支持系统 NFS 挂载、RAMDISK（压缩或非压缩）形式的根文件系统。

　　（2）从 Flash 中引导压缩或非压缩系统内核。

　　（3）辅助功能强大的操作系统接口功能。

　　（4）可传递多个关键参数给操作系统，适合系统在不同开发阶段的调试要求与产品。

　　（5）支持目标板环境参数的多种存储方式，如 FLASH、NVRAM、EEPROM。

　　（6）CRC32 校验可校验 Flash 中内核、RAMDISK 镜像文件是否完好。

　　（7）支持丰富的外部设备，包括串口、SDRAM、Flash、以太网、LCD、NVRAM、EEPROM、键盘、USB、PCMCIA、PCI、RTC 等。

　　（8）上电自检功能，包括 SDRAM、FLASH 大小自动检测、SDRAM 故障检测、CPU 型号。

　　（9）特殊功能 XIP 内核引导。

4.1.2   U-Boot 源代码结构

U-Boot 源代码结构清晰，按照 CPU 及开发板进行归类。进入 U-Boot 源码目录，可以看到如表 4.1 所示的一些目录。

表 4.1   U-Boot 源代码目录结构

目　录	内　容
board	和开发板有关的文件。每一个开发板都以一个子目录出现在当前目录中，例如，SMDK2410 子目录中存放了与 SMDK2410 开发板相关的配置文件
common	实现 U-Boot 命令行下支持的命令，每一条命令都对应一个文件。例如，go 命令对应的是 cmd_boot.c
cpu	与特定 CPU 相关的目录，U-Boot 支持的 CPU 在该目录下对应一个子目录，如子目录 arm920t 等
disk	对磁盘的支持
doc	U-Boot 的开发文档
drivers	U-Boot 支持的设备驱动程序存放在该目录中，如各种网卡、Flash、串口和 USB 等
fs	支持的文件系统。U-Boot 现在支持 cramfs、fat、fdos、jffs2 和 registerfs
include	包含 U-Boot 使用的头文件，还有对各种硬件平台支持的汇编文件，系统的配置文件和对文件系统支持的文件。该目录下 configs 目录有与开发板相关的配置头文件，如 smdk2410.h。该目录下的 asm 目录有与 CPU 体系结构相关的头文件，ASM 对应的是 asmarm
lib_xxxx	与体系结构相关的库文件。如与 ARM 相关的库放在 lib_arm 中

4.1.3   U-Boot 启动流程

如图 4.1 所示，嵌入式的存储空间通常包括四个分区：第一个分区存放 U-Boot，第二个分区存放 U-Boot 要传给系统内核的参数，第三个分区存放 Linux 系统内核，第四个分区存放根文件系统。设备上电时首先执行 Bootloader 分区中的 U-Boot。

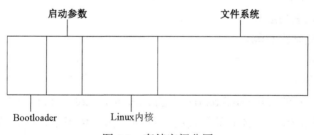

图 4.1　存储空间分区

U-Boot 的启动代码分布在 start.s、low_level_init.s、board.c 和 main.c 文件中。start.s 是 U-Boot 整个程序的入口，该文件使用汇编语言编写，不同体系结构的启动代码是不同的。level_init.s 是与特定开发板相关的代码。board.c 包含开发板底层设备驱动。main.c 是一个与平台无关的代码，包括 U-Boot 应用程序的入口。

U-Boot 启动代码分为阶段 1（stage1）和阶段 2（stage2）两部分。依赖于 CPU 体系结构的代码通常都放在阶段 1 中，且通常用汇编语言实现。阶段 2 中主要实现通用功能，用 C 语言来实现。这样的代码结构具有更好的可读性和可植性。在系统加电后，CPU 将首先执行 U-Boot 程序。U-Boot 的启动过程如图 4.2 所示。

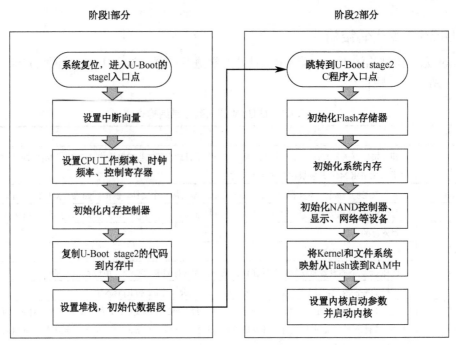

图 4.2　U-Boot 启动流程

阶段 1 主要由汇编代码实现，对于 S3C2440 应使用 cpu/arm920t/start.s 文件，主要流程如下。

① 设置 CPU 的模式为 SVC 模式。
② 关闭看门狗定时器。
③ 禁掉所有中断。
④ 设置 CPU 的频率。
⑤ 把自己复制到 RAM 中。
⑥ 配置内存区控制寄存器。
⑦ 配置的栈空间。
⑧ 进入 C 代码部分。

阶段 2 由 C 语言实现，lib_arm/board.c 中的 start_armboot 是 C 语言开始的函数，也是整个启动代码中 C 语言的主函数。这个函数调用一系列的初始化函数，然后进入主 U-Boot 终端，接收用户从串口输入的命令，然后进行相应的工作。当用户输入启动 Linux 的命令的时候，U-Boot 会将 Kernel 映像从 Nand Flash 上读到 RAM 空间中，为内核设置启动参数，调用内核，从而启动 Linux 内核。

① 初始化 CPU、板卡、中断、串口、控制台等。
② 开启 I/D Cache。
③ 初始化 Flash
④ 打印 LOG。
⑤ 使能中断。
⑥ 获取环境变量。

⑦ 初始化网卡。

⑧ 进入 main_loop()函数。

4.1.4　U-Boot 常用命令

　　U-Boot 提供了丰富的命令集，但不同的开发板所支持的命令并不完全一样（可配置），通常使用 help 命令可以查看当前开发板所支持的命令及说明。表 4.2 列出了一些常用的 U-Boot 命令。

表 4.2　U-Boot 常用命令说明

命　　令	说　　明
printenv	打印环境变量
setenv	设置环境变量
saveenv	保存设定的环境变量，经常要设置的环境变量有 ipaddr、serverip、bootcmd、bootargs
tftp	将内核镜像文件从 PC 中下载到 SDRAM 的指定地址，然后通过 bootm 来引导内核
nand erease	擦除 Nand Flash 中的数据块
nand write	把 RAM 中的数据写到 Nand Flash 中
nand read	从 Nand Flash 中读取数据到 RAM 中
go	直接跳转到可执行文件的入口地址，执行可执行文件
md	显示内存区的内容
echo	回显参数
cp	复制文件
cmp	比较两块内存中的内容
bootm	引导启动存储在内存中的程序映像。这些内存包括 RAM 和可以永久保存的 Flash
flinfo	打印全部 Flash 组的信息，也可以只打印其中某一组。一般嵌入式系统的 Flash 只有一个组
loads	通过串口线下载 S-Record 格式文件
nm	修改内存，可以按照字节、字、长字等进行操作

4.2　实践准备

4.2.1　预习要求

　　（1）了解 Bootloader 的作用，熟悉其要完成的功能。

　　（2）下载 U-Boot 源代码，学习其源代码结构。

4.2.2　实践目标

　　（1）熟悉并掌握 U-Boot 源代码结构，能够针对不同开发平台进行移植。

（2）能够根据特定要求进行 U-Boot 功能裁剪与定制。

4.2.3　准备材料

实践所需材料如下。

（1）Mini2440 开发板。

（2）串口线。

（3）USB 线。

（4）网线。

（5）串口调试工具。

（6）MiniTools 烧写工具。

4.3　实践内容和步骤

4.3.1　U-Boot 移植步骤

（1）U-Boot 移植过程较为烦琐，重新移植到一块新的开发板需要修改多个文件，本章以 Mini2440 开发板现有的 U-Boot 版本为例，演示 U-Boot 移植的主要过程。

将 Mini2440 开发板光盘中所提供的 U-Boot 源码包（u-boot-2010.03.tar.bz2）复制到用户根目录中，本书示例为/home/fish。

（2）打开一个终端，输入命令建立工作目录并解压：

```
cd /home/fish/
tar jxvf u-boot-2010.03.tar.bz2
```

（3）与开发板相关的源代码文件位于～/u-boot-2010.03 /board/tekkamanninja 目录下，文件说明如表 4.3 所示。

表 4.3　文件说明

文　　件	说　　明
config.mk	配置 U-Boot 镜像运行地址
flash.c	完成 Nor Flash 初始化、擦除、读写
lowlevel_init.S	初始化 S3C2440 SRAM 控制器
Makefile	编译文件
mini2440.c	板级初始化，包括 IO 配置、屏幕显示等 lib_arm/board.c 文件的入口函数 start_armboot 会调用此文件中的函数
nand_read.c	Nand Flash 读写

（4）config.mk 定义了 U-Boot 镜像运行地址，这里不建议修改。其内容如下：

```
TEXT_BASE = 0x33F80000   # U-Boot编译镜像地址
```

（5）cpu/arm920t/start.s 是硬件上电时最先运行的文件，其中与 Mini2440 相关的代码见程序 4.1。

程序 4.1　start.s

```
...
# define INTSUBMSK   0x4A00001C
# define CLKDIVN     0x4C000014  /* clock diVIsor register */
# endif
        // 添加以下5行S3C2440时钟参数宏定义
#define CLK_CTL_BASE 0x4C000000
#define MDIV_405     0x7f << 12
#define PSDIV_405 0x21
#define MDIV_200     0xa1 << 12
#define PSDIV_200 0x31
...
    ldr   r0, =INTSUBMSK
    str   r1, [r0]
# endif

#if defined(CONFIG_S3C2440)         // 屏蔽S3C2440中断
    ldr   r1, =0x7fff
    ldr   r0, =INTSUBMSK
    str   r1, [r0]
#endif

#if defined(CONFIG_S3C2440)         // 初始化S3C2440时钟
    /* FCLK:HCLK:PCLK = 1:4:8 */
    ldr   r0, =CLKDIVN
    mov   r1, #5
    str   r1, [r0]
    mrc   p15, 0, r1, c1, c0, 0
    orr   r1, r1, #0xc0000000
    mcr   p15, 0, r1, c1, c0, 0
    mov   r1, #CLK_CTL_BASE
    mov   r2, #MDIV_405
    add   r2, r2, #PSDIV_405
    str   r2, [r1, #0x04]
#else
...
```

（6）/include/configs/ mini2440.h 头文件定义了开发板相关的重要参数。在这个文件中，用户可以根据自己的需要来修改 U-Boot 提示符、启动内核延迟时间等参数。程序 4.2 列出了 mini2440.h 文件中的相关修改内容。

程序 4.2　mini2440.h

```
...
//#define CONFIG_S3C2410     1   /* specifically a SAMSUNG S3C2410 SoC
*/
//#define CONFIG_SMDK2410    1   /* on a SAMSUNG SMDK2410 Board  */
```

```
#define CONFIG_S3C2440        1    /* in a SAMSUNG S3C2440 SoC    */
#define CONFIG_MINI2440       1    /* on a friendly-arm MINI2440 Board */
...
#define CONFIG_BOOTDELAY 1    /*可以修改U-Boot启动内核延迟时间，单位为秒*/
...
#define CONFIG_SYS_PROMPT      "[ MINI2440]# "  /* 用户提示符定义*/
...
```

（7）lib_arm/board.c 文件的入口函数为 start_armboot，主要实现 S3C2440 外设控制器的初始化。可在其中添加 LED 控制代码，以显示 U-Boot 启动进度。程序 4.3 列出了该入口函数中的 LED 控制代码。

程序 4.3　start_armboot 函数

```
void start_armboot (void) {
    ...
#if defined(CONFIG_MINI2440_LED) // 在mini2440.h文件中定义的LED功能控制宏
    // 获得S3C2440 连接LED的I/O引脚
    struct s3c24x0_gpio * const gpio = s3c24x0_get_base_gpio();
#endif
...
#if defined(CONFIG_MINI2440_LED)
    writel(0x0, &gpio->GPBDAT);   // 点亮LED
#endif
...
}
```

（8）修改 U-Boot 顶层目录 u-boot-2010.03 下的 Makefile 文件的内容，如程序 4.4 所示。

程序 4.4　Makefile 文件内容修改

```
...
# load ARCH, BOARD, and CPU configuration
include $(obj)include/config.mk
export   ARCH CPU BOARD VENDOR SOC
CROSS_COMPILE = arm-linux-          // 通过添加这一行来设置交叉编译器
# set default to nothing for native builds
ifeq ($(HOSTARCH),$(ARCH))
CROSS_COMPILE ?=
Endif
...
smdk2410_config:unconfig
    @$(MKCONFIG) $(@:_config=) arm arm920t smdk2410 samsung s3c24x0
# 添加Mini2440开发板配置命令
mini2440_config:unconfig
    @$(MKCONFIG) $(@:_config=) arm arm920t mini2440 tekkamanninja s3c24x0
...
```

（9）回到 U-Boot 源码的顶层目录，在控制台中输入以下命令，配置编译 U-Boot，生成

u-boot.bin 镜像文件，如图 4.3 所示，将 u-boot.bin 复制到 Windows 系统中以备下载。

```
make mini2440_config
make
```

图 4.3　生成 u-boot.bin 镜像文件

4.3.2　测试并运行 U-Boot

（1）把 Mini2440 开发板的 S2 开关拨到 NOR 一端，用主设备 USB 线和串口线连接主机，并打开主机上的串口工具。打开 MiniTools，稍后会显示 USB 连接成功，如图 4.4 所示。

图 4.4　MiniTools 通过 USB 连接开发板

（2）在 MiniTools 窗口中选择 User bin(No OS)，如图 4.5 所示，选中"Download and run"

单选按钮，设置内存下载地址为 0x33000000，在"No OS Image"编辑框中选择 u-boot.bin 文件，单击"Download and Run"按钮即可开始下载。

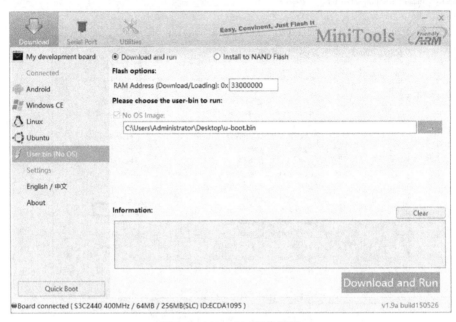

图 4.5   u-boot.bin 下载设置

U-Boot 在 bin 文件下载好了之后会自动运行，此时观察连接好的串口调试工具，在软件窗口中显示了执行信息，如图 4.6 所示。

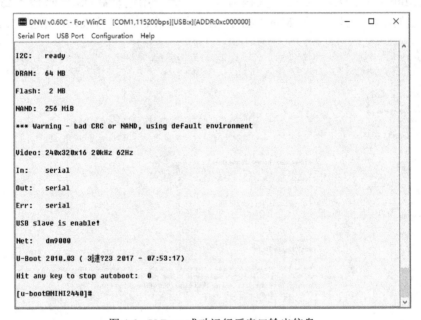

图 4.6   U-Boot 成功运行后串口输出信息

（3）在串口终端窗口中输入 printenv 命令后，能打印出全部 U-Boot 环境变量，如图 4.7 所示。

图 4.7　打印出 U-Boot 环境变量

4.4　实践练习

4-1 参考实践内容的移植步骤，配置编译 U-Boot，并下载到 ARM 开发板上使其成功运行。

4-2 阅读 U-Boot 代码，修改启动时的等待延时为 3s，将 LED 灯显示效果改为全部点亮 1s 再熄灭。

4-3 在 U-Boot 执行完成且启动内核之前，添加蜂鸣器提示音。

第 5 章

Linux 文件系统及程序设计

5.1 背景知识

文件系统是操作系统组织系统资源的一种方式,操作系统的可用性取决于对文件系统的支持,操作系统就是通过文件系统接口为用户提供各种功能的。对于 Linux 操作系统来说,文件是对系统资源的一种抽象,是对系统资源进行访问的一个通用接口,诸如内存、硬盘、一般设备以及进程间通信的通道等资源都被表示为文件。对这些资源的操作,就相当于对一个普通文件进行相关的操作。在 Linux 操作系统中,对目录和设备的操作都等同于文件的操作。因此,这种机制大大简化了系统对不同设备的处理,提高了效率。Linux 系统中的文件主要分为四种:普通文件、目录文件、链接文件和设备文件。Linux 中的文件类型有以下七种。

① 目录文件(Directory File)。

② 普通文件(Regular File)。

③ 字符设备文件(Character Device File)。

④ 块设备文件(Block Device File)。

⑤ FIFO。

⑥ 套接字(Socket)。

⑦ 符号连接(Symbolic Link)。

那么,内核如何区分和引用某个特定的文件呢？这里用到一个重要的概念：文件描述符。对于 Linux 系统而言,所有对设备和文件的操作都是用文件描述符来进行的。文件描述符是一个非负的整数,它是一个索引值,指向内核中每个进程打开文件的记录表。当打开一个现存文件或创建一个新文件时,内核就向进程返回一个文件描述符。当需要读写文件时,也需要把文件描述符作为参数传递给相应的函数。

通常,一个进程启动时,都会打开 3 个文件：标准输入、标准输出和标准出错处理。这3 个文件分别对应文件描述符 0、1 和 2(也就是宏定义 STDIN_FILENO、STDOUT_FILENO 和 STDEER_FILENO)。

基于文件描述符的 I/O 操作为命令操作或者编程带来了很大的便利，它往往是实现某些 I/O 操作的唯一途径，如 Linux 中低级文件操作函数、多路 I/O、TCP/IP 套接字编程接口等。同时，它们也很好地兼容 POSIX 标准，因此，可以很方便地移植到任何 POSIX 平台上。基于文件描述符的 I/O 操作是 Linux 操作系统中最常用的操作之一。对于 Linux 系统学习者，需扎实地掌握这些基本技能。

5.1.1　基本概念

1．系统调用

系统编程是指直接利用操作系统的底层接口进行编程。操作系统通过给用户提供一组特殊接口函数，以使用户程序可以通过这组特殊接口函数来获取操作系统内核所提供的服务，包括进程控制（进程间通信）、文件系统控制、系统控制、存储管理、网络管理、Socket 管理、用户管理等，称之为"系统调用"。系统调用一般通过 CPU 的软中断实现，从用户态转换到内核态。这是一种由应用程序主动发起的模式切换，让 CPU 软中断处理完毕返回后重新切换到用户态，实现系统调用的返回。

2．标准 I/O 函数库

C 标准库提供了各种文件操作函数。它与系统调用的区别在于，它实现了一个跨平台的用户态缓冲解决方案。标准 I/O 库使用简单，与系统调用 I/O 类似，同样包括打开、读写、关闭等操作。

C 标准库是一些预先定义的函数，目的是为编程人员提供编写应用程序的接口，从而提高程序开发效率和可移植性。C 标准库提供的有些接口不需要请求内核服务就可以完成，如内存的复制、数学上的计算；而有些标准函数则可能需要经过多次的系统调用才能完成其功能。

I/O 操作指对文件进行输入/输出操作。系统 I/O 函数和 C 标准库 I/O 函数是有区别的。虽然系统调用和标准函数库 I/O 均能实现对文件的各种操作，但是两者性质是不同的。

首先，系统调用是直接利用底层接口获取操作系统内核提供的服务，实现直接对文件的操作；而 C 标准库 I/O 函数实际上是对底层系统调用的包装，其对设备或文件的操作是先经过一个缓存区再调用系统 I/O 函数。

其次，系统调用通过文件描述符对文件进行操作；C 标准库 I/O 函数通过文件指针对文件进行操作。

最后，通过系统调用进行 I/O 操作时，系统调用要请求内核的服务，会引发 CPU 模式的切换，期间会有大量的堆栈数据保存操作而导致系统开销较大。如果频繁地进行系统调用，则会降低应用程序的运行效率。标准库 I/O 函数通过引入缓冲机制，多个读写操作可以合并为依次系统调用，通过减少系统调用的次数，将大幅度提高系统的运行效率。

3．文件描述符 fd 和索引节点

一般来说，使用与管理文件都是通过文件名实现的。但是，对于程序而言，文件描述符更有用，而 Linux 操作系统中的文件在本质上都是通过其索引节点进行管理的。

文件描述符：在系统调用中，主要通过文件描述符实现文件的相应操作。文件描述符是应

用程序打开一个文件时返回的一个整数，它也是这个文件的身份证。就像体育比赛一样，每个运动员都会被分配一个号码，当我们为某个号码加油时，实际上就是为其对应的运动员加油。在 Linux 操作系统中，所有打开的文件都对应一个文件描述符，其本质是一个非负整数，由系统分配且范围为 0～OPEN_MAX(1024)。每个进程在启动后，默认有三个打开的文件描述符——0、1、2，如果启动时没有进行重定向设置，则文件描述符 0 关联到标准输入文件，1 关联到标准输出，2 关联到标准错误输出。在 C 标准库中表示为：

```
#define STDIN_FILENO    0   // 标准输入
#define STDOUT_FILENO   1   // 标准输出
#define STDERR_FILENO   2   // 标准错误输出
```

索引节点：从操作系统的角度来看，文件的索引节点（inode）是文件的唯一标识。一个文件的 inode 包含文件系统处理文件所需要的全部信息，如访问权限、当前大小等。索引节点有以下两种类型。

内核 inode：保存在内存中，系统中每个打开的文件都对应着一个内核 inode，即与具体的文件系统类型无关。

磁盘 inode：保存在磁盘上，在文件系统中的每一个文件都有一个磁盘 inode，它所保存的具体信息与文件系统的类型有关。

当进程打开一个文件时，文件磁盘 inode 中的信息将会被载入内存，并建立一个内核 inode。当内核 inode 被修改后，系统负责将其同步到磁盘上。磁盘 inode 与对应内核 inode 所保存的信息并不完全相同。内核 inode 记录的是关于文件的更通用的一些信息；而忽略掉与具体文件系统类型相关的信息。一般而言，一个文件 inode 应当记录的信息有：文件类型、 与文件相关的硬链接的个数、以字节为单位的文件的长度、设备标识符、各种时间戳（包括文件状态的改变时间、文件的最后访问时间和最后修改时间等）。

4．文件指针与流

在标准库 I/O 函数中，并不直接操作文件描述符，而是使用文件指针。文件指针与文件描述符是一一对应的关系，这种对应关系由标准库自己维护。标准 I/O 又称为高级磁盘 I/O， 是在文件 I/O 的基础上进行了封装。提供流缓冲的目的是尽可能减少使用 read 和 write 调用的次数，提高 I/O 效率。

文件指针：文件指针指向的数据类型为 FILE 型，但应用程序无需关心它的具体内容。在应用程序调用文件时，只提供文件指针即可。

流：在标准库 I/O 操作中，一个打开的文件称之为"流"，流可用于读（输入流）、写（输出流）或者读写（输入输出流）。每个进程在启动时，都会打开三个流，与打开的三个文件相对应：sdtin 代表标准输入流、stdout 代表标准输出流、stderr 代表标准错误输出流，它们都是（FILE ＊）型的指针。

注意：标准错误输出流不进行缓冲，输出的内容会马上同步到文件（即控制台设备）。

FILE 型指针（FILE ＊）：FILE 是在 stdio.h 头文件中定义的保存文件流信息的一个结构体类型，实际上是 C 语言定义的标准数据结构，用于文件操作。

```
FILE *fp;
```

上述语句是声明一个 FILE 类型、名为 fp 的指针，fp 为指向 FILE 类型的对象，也可以理解为 FILE 结构体的一个指针对象。

C 语言中，FILE 结构体的定义如下。

```
struct _iobuf {
    char *_ptr;        //文件输入的下一个位置
    int _cnt;          //当前缓冲区的相对位置
    char *_base;       //基础位置(应该是文件的起始位置)
    int _flag;         //文件标志
    int _file;         //文件的有效性验证
    int _charbuf;      //检查缓冲区状况,如果无缓冲区则不读取
    int _bufsiz;       //文件的大小
    char *_tmpfname;   //临时文件名
};
typedef struct _iobuf FILE;
```

注意：文件描述符是 POSIX 系统级的，而 Linux 平台上的 FILE 结构体的实现往往都封装了文件描述符变量在其中，因此一切关于 FILE 的操作最终都将调用系统级的函数。

在应用程序访问文件时，一般使用 FILE *类型变量表示文件句柄，通过它来访问 FILE 结构体，对文件进行操作。每打开一个文件就会返回一个文件指针（为 FILE *类型），然后通过这个指针对象访问结构体的成员变量从而获得文件信息。例如，下一行代码就是使用 fopen 函数打开一个文件。

```
FILE* fp = fopen("1.txt", "r+");
```

5. Linux 虚拟文件系统

如图 5.1 所示，Linux 文件系统由两层结构组成。第一层是虚拟文件系统（VFS），第二层是不同的具体的文件系统。VFS 把各种具体的文件系统的公共部分抽取出来，形成一个抽象层，作为系统内核的一部分。它位于用户程序和具体的文件系统之间，对用户程序提供了标准的文件系统调用接口。对具体的文件系统，它通过一系列对不同文件系统公用的函数指针来调用具体的文件系统函数，完成实际的操作。任何使用文件系统的程序必须经过这层接口来使用。通过这样的方式，VFS 就对用户屏蔽了底层文件系统实现上的细节和差异。

图 5.1　VFS 调用关系

VFS 不仅可以对具体文件系统的数据结构进行抽象，以统一的方式进行管理，还可以接受

用户层的系统调用，例如，write、open、stat、link 等。此外，它还支持不同文件系统之间的相互访问，接受内核其他子系统的操作请求。VFS 与系统内核其他模块的交互关系如图 5.2 所示。

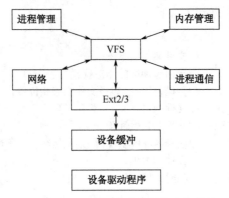

图 5.2　VFS 与 Linux 内核中其他模块之间的交互关系

6．文件访问权限

Linux 是一个多用户的操作系统，有着完善的权限管理机制。不同的用户有着不同的权限，这些权限决定了用户能在 Linux 下执行哪些操作。例如，如下所示的终端 ls 命令会打印出一行信息：

```
drwxrwxr-x 10 fish fish    4096  3月  7 15:23 work
```

第一项是由 10 个字符组成的字符串，如"drwxrwxr-x"，说明了该文件/目录的文件类型和文件访问权限。第一个字符表示文件类型。从左起第 2 个字符到第 10 个字符表示文件访问权限，并以 3 个字符为一组，分为 3 组。组中的每个位置对应一个指定的权限，其顺序如下：读、写、执行。3 组字符又分别代表文件所有者权限、文件从属组权限以及其他用户权限。

7．缓冲/非缓冲文件操作

Linux 系统文件的 I/O 分为两种类型：第一种类型是非缓冲式文件操作，主要由系统调用提供，非缓冲式文件操作对于小规模文件的读写或者实时设备，执行非缓冲式文件操作，应用程序能够立即得到数据；第二种类型是缓冲式 I/O 操作，主要由 C 语言的标准输入输出库函数提供。

5.1.2　文件系统调用 API 接口

1．创建文件

```
#include <sys/types.h>
#include <sys/stat.h>
int creat(const char *filename, mode_t mode)
```

参数 filename：创建文件名（包含路径，默认为当前目录）。

参数 mode：文件属性（0—无任何权限；S_IRUSR 或 1—可读；S_IWUSR 或 2—可写；S_IXUSR 或 3—可执行；S_IRWXU 或 7—均可）。

返回值：创建成功返回文件描述符 fd，错误则返回–1。

说明：mode_t 表示 unsigned int，所以 mode_t 实际上就是一种无符号整数。const 是一个 C 语言的关键字，它限定一个变量不允许被改变。使用 const 在一定程度上可以提高程序的安全性和可靠性。

2．打开文件

```
#include <sys/types.h>
#include <sys/stat.h>
int open(const char *pathname, int flags);
int open(const char *pathname, int flags, mode_t mode);
```

不带 mode 参数的 open 函数通常用于打开已经存在的文件。带 mode 参数的 open 函数通常用于在建立新文件的同时打开文件。

参数 flags 为打开标识，其取值有下列情况。

① O_RDONLY：只读打开方式。

② O_WRONLY：只写打开方式。

③ O_RDWR：可读可写。

④ O_APPEND：追加方式打开。

⑤ O_CREAT：创建一个文件。

⑥ O_NOBLOCK：非阻塞方式打开。

返回值：打开成功返回文件描述符 fd，错误则返回-1，并把错误代码设为 err。使用非阻塞方式，即当文件打开失败时，进程不阻塞，跳过该部分执行进程剩余部分或者结束进程。

3．读文件

```
#include <unistd.h>
int read(int fd,const *buf, size_t length)
```

read 函数从文件描述符 fd 指向的文件中，读取 length 个字节到 buf 所指向的缓存区中。

返回值：返回为实际读取的字节个数 length。

4．写文件

```
#include <unistd.h>
int write(int fd,const *buf, size_t length)
```

write 函数向文件描述符 fd 指向的文件，写入 length 个字节到 buf 所指向的缓存区中.

返回值：实际写入的字节个数 length。

说明：size_t 实际为 unsigned int 类型，设计 size_t 是为了增强程序在不同平台上的可移植性。通常，在 32 位系统中 size_t 是 4 字节的，而在 64 位系统中，size_t 是 8 字节的，这样利用该类型可以增强程序的可移植性。

5．发送控制命令

```
#includ <sys/ioctl.h>
int ioctl(int fd, int request, ...)
```

ioctl 操作用于向文件发送控制命令，那些不能被抽象为读和写的文件操作统一由 ioctl 操作代表。对于 Linux 系统，ioctl 操作常用于修改设备的参数。

参数 fd：要操作的文件的描述符。

参数 request：代表要进行的操作，不同的（设备）文件有不同的定义。

可变参数：取决于 request 参数，通常是一个指向变量或者结构体的指针。

返回值：成功返回 0，错误返回-1。

6. 关闭文件

```
#include <unistd.h>
int close(int fd)
```

关闭文件时，调用 close 函数会使数据写回磁盘，并释放该文件所占的资源。

参数 fd 为文件描述符。

返回值：返回正常为 0，失败为-1。

7. 文件定位

```
int lseek(int fd, offset, int whence)
```

lseek 函数将文件读取指针相对 whence 移动 offset 个字节。

参数 whence：SEEK_SET——相对文件开头；SEEK_CUR——相对文件读写指针当前位置；SEEK_END——相对文件末尾。

参数 offset：可为负数（向前移动）。

返回值：返回文件指针相对于文件头的位置。如下 lseek 语句的应用可获取文件大小：

```
lseek(fd,0,SEED_END);
```

8. 访问判断

```
#include <io.h>
int access(const char *pathname, int mode)
```

access 函数用于判断文件是否可以进行某种操作（如读或写）。

参数 mode：R_OK（可读）、W_OK（可写）、X_OK（可执行）、F_OK（文件存在）。

返回值：测试成功返回 0，否则返回-1。

9. select 函数

select 用来等待文件描述词状态的改变，经常用于网络编程。

```
#include <sys/time.h>
#include <sys/types.h>
#include <unistd.h>
int select(int numfds,        /* 需要检查的最大的文件描述符加1 */
fd_set *readfds,              /* 由select()监视的读文件描述符集合 */
fd_set *writefds,             /* 由select()监视的写文件描述符集合 */
fd_set *exeptfds,            /* 由select()监视的异常处理文件描述符集合 */
struct timeval *timeout);     /* 等待的时间 */
```

10．fcntl 函数

fcntl 有非常强大的功能。它能够复制一个现有的描述符，获得/设置文件描述符标记， 获得/设置文件状态标记，获得/设置异步 I/O 所有权以及获得/设置记录锁。

```
#include <sys/types.h>
#include <unistd.h>
#include <fcntl.h>
int fcntl(    int fd,                  /* 文件描述符 */
              int cmd,                 /* 不同的命令 */
              struct flock *lock);     /* 设置记录锁的具体状态 */
```

5.1.3　标准 I/O

1．打开文件函数

```
#include <stdio.h>
FILE * fopen(    const char * path,  /* 包含要打开的文件路径及文件名 */
            const char * mode);      /* 文件打开方式 */
FILE * fdopen(int fd,                /* 要打开的文件描述符 */
            const char * mode);      /* 文件打开方式 */
FILE * freopen(const char *path,     /* 包含要打开的文件路径及文件名 */
            const char * mode,       /* 文件打开方式 */
            FILE * stream);          /* 已打开的文件指针 */
```

函数成功返回指向 FILE 的指针，失败返回 NULL。

参数 mode 为字符串表示的文件打开方式，取值含义如表 5.1 所示。

表 5.1　mode 取值

参　数　值	说　　明
r 或 rb	打开只读文件，该文件必须存在
r+或 r+b	打开可读写的文件，该文件必须存在
w 或 wb	打开只写文件，若文件存在则文件长度清为 0，即会擦写文件以前内容；若文件不存在则建立该文件
w+或 w+b	打开可读写文件，若文件存在则文件长度清为 0，即会擦写文件以前内容；若文件不存在则建立该文件
a 或 ab	以附加的方式打开只写文件。若文件不存在，则会建立该文件。如果文件存在，写入的数据会被加到文件尾，即文件原先的内容会被保留
a+或 a+b	以附加方式打开可读写的文件。若文件不存在，则会建立该文件。如果文件存在，则写入的数据会被加到文件尾后，即文件原先的内容会被保留

2．关闭文件

关闭标准流文件的函数为 fclose，此时缓冲区内的数据写入文件，并释放系统所提供的资源。

```
#include <stdio.h>
int fclose(FILE * stream);           /* 已打开的文件指针 */
```

函数成功返回 0，失败返回 EOF。

3. 按字符读写

```
#include <stdio.h>
int fgetc(FILE *stream);              /* 从指定的文件流中读取一个字符 */
int getc(FILE *stream);               /* 从指定的文件流中读取一个字符 */
int getchar(void);                    /* 从标准输入读取一个字符 */
int fputc(int c, FILE *stream);       /* 向指定的文件流写入一个字符 */
int putc(int c, FILE *stream);        /* 向指定的文件流写入一个字符 */
int putchar(int c);                   /* 向标准输入写入一个字符 */
```

函数读取成功时返回读取的字符，写入成功时返回 0，失败返回 EOF。

4. 按行读写文件

```
#include <stdio.h>
/* 从流stream中最多读取n-1个字符存放到缓冲区s中 */
char *fgets(char *s, int n, FILE *stream);
/* 从标准输入中读取一行字符存放到缓冲区s中 */
char *gets(char * s);            /* 由于存在缓冲区溢出问题，不建议使用！ */
int fputs(const char *s, FILE *stream); /* 字符串s输出到stream中 */
int puts(const char *s);         /* 将字符串s输出到标准输出中 */
```

fgets 读取一行字符时，保留行尾的换行符。fputs 不会在行尾自动添加换行符，但是 puts 会自动添加一个换行符。函数读取成功时返回缓冲区的地址，即 s 的值，fputs 成功返回 1，puts 成功返回字符串长度加 1，失败返回 EOF。

5. 按指定格式读写文件

以指定的格式一次从文件中读取或写入若干个对象，通常用来处理二进制文件。

```
#include <stdio.h>
size_t fread/fwrite(void * ptr,       /* 存放读取/写入记录的缓冲区 */
size_t size,                          /* 读取/写入的记录大小 */
size_t nmemb,                         /* 读取/写入的记录数 */
            FILE * stream);           /* 要读取/写入的文件流 */
```

函数成功返回实际读取/写入的记录数目，失败返回 EOF。

6. 格式化读写文件

```
#include <stdio.h>
int printf(const char *format, ...);     /* 相当于fprintf标准输出 */
int scanf(const char *format, ...);      /* 相当于标准输入fscanf */
int fprintf(FILE *stream, const char *format, ...);
int fscanf(FILE *stream, const char *format, ...);
```

7. 刷新流

强制刷新一个流，使该流所有未写的缓冲区数据写入到实际的流中。

```
#include <stdio.h>
```

```
int fflush(FILE *stream)
```

函数成功返回 0，失败返回-1。

fflush 函数示例如下：

```
// 因为标准输出是行缓冲，所以未遇到‘\n’前输出内容先保存在标准输出缓冲区里
printf("stdout is line-buffered");
sleep(2);                                // 进程睡眠2s
fflush(stdout);                          // 刷新标准输出流，缓冲区的内容被送到标准输出
```

8．文件定位

文件中有一个位置指针，指向当前读写的位置。fseek/rewind 可以改变文件的位置指针，ftell 返回流式文件的当前位置。

```
#include <stdio.h>
void rewind(FILE *stream);      // 使位置指针重新指向文件的开始
int fseek(FILE *stream,
        long offset,            // 位移量,以起始点为基准移动的字节数
        int whence);            // 起始点
long ftell(FILE *stream);       // 返回流式文件的当前位置
```

fseek 函数成功返回 0，失败返回-1。ftell 函数成功返回文件当前位置，失败返回-1。

5.2　实践准备

5.2.1　预习要求

（1）了解文件系统的概念与作用。

（2）熟悉 Linux 文件系统的种类及特点。

（3）熟悉 Linux 操作系统下文件的各种操作。

5.2.2　实践目标

（1）能够进行 Linux 系统的各种文件与目录操作编程。

（2）深刻理解 Linux 系统中的文件系统管理模式。

5.3　实践内容和步骤

5.3.1　Linux 文件属性示例

获取文件属性的主要函数与数据结构如下。

```
#include <sys/types.h>
```

```
#include <sys/stat.h>
#include <unistd.h>
// 通过文件名获取属性
int stat(const char *filename, struct stat *buf);
// 通过文件描述符获取属性
int fstat(int fd, struct stat *buf);
// 类似stat,支持符号链接
int lstat(const char *filename, struct stat *buf);
```

函数成功返回 0，失败返回-1，并设置 errno。

参数类型 stat 结构体定义如下：

```
struct stat {
    dev_t st_dev;            // 文件所在设备名称
    ino_t st_ino;           // 文件对应的节点号
    mode_t st_mode;         // 文件类型及权限
    nlink_t st_nlink;       // 硬链接个数
    uid_t st_uid;           // 文件创建者ID
    gid_t st_gid;           // 文件创建者组ID
    dev_t st_rdev;          // 设备类型
    off_t st_size;          // 文件大小
    blksize_t st_blksize;   // 块大小
    blkcnt_t st_blocks;     // 块个数
    time_t st_atime;        // 上次访问时间
    time_t st_mtime;        // 上次修改时间
    time_t st_ctime;        // 上次改变状态时间
};
```

其中，st_mode 常用定义（八进制）如表 5.2 所示。

表 5.2　st_mode 常用定义

宏 定 义	八 进 制 值	说　　明
S_IFMT	0170000	文件类型掩码
S_IFSOCK	0140000	套接字文件类型
S_IFLNK	0120000	链接文件类型
S_IFREG	0100000	普通文件类型
S_IFBLK	0060000	块设备类型
S_IFDIR	0040000	目录
S_IFCHR	0020000	字符设备类型
S_IFIFO	0010000	FIFO 文件类型
S_IRUSR	00400	可读权限
S_IWUSR	00200	可写权限
S_IXUSR	00100	可执行权限

程序 5.1 给出了函数 stat 的一个应用示例，该程序判断当前目录下的 data 文件类型，根据是否为普通文件、目录文件和其他类型打印出不同的信息。

程序 5.1　stat 应用示例

```c
#include <stdio.h>
#include <sys/types.h>
#include <sys/stat.h>
#include <time.h>
int main() {
    char str[128];
    struct stat buf;                        // 定义结构体变量buf存放文件属性
    if (0 == stat("./data", &buf)) {        // 需要在程序当前目录建立data文件
        switch( buf.st_mode & S_IFMT) {
            case S_IFREG: printf("regular file\n"); break;
            case S_IFDIR: printf("directory\n"); break;
            default: printf("other file types\n"); break;
        }
        struct tm *t = localtime(&(buf.st_mtim));
        strftime(str, 128, "%Y-%m-%d %H:%M:%S", t);
        printf("size of data is %d\nedit time:%s\n", buf.st_size, str);
    }
    else
        printf("file not find!\n");
    return 0;
}
```

在 Code::Blocks 里建立 Console Application 工程，把 main.c 文件里的代码修改为程序 5.1，如图 5.3 所示。

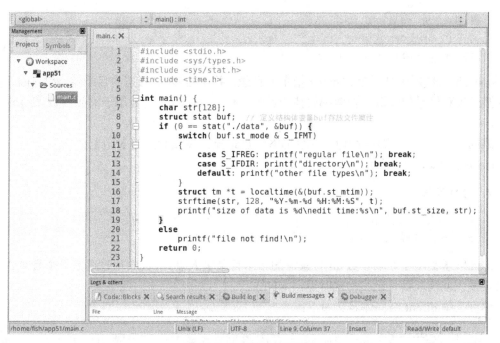

图 5.3　stat 应用示例工程

编译成功后，在可执行程序当前目录建立普通测试文件"data"。在终端运行测试程序，结果如图 5.4 所示。

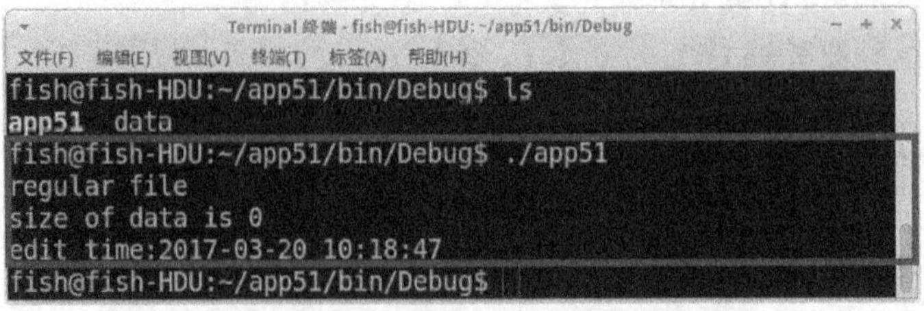

图 5.4 data 为普通文件时，stat 应用示例运行结果

在程序当前目录建立目录文件"data"，在终端运行测试程序，结果如图 5.5 所示。

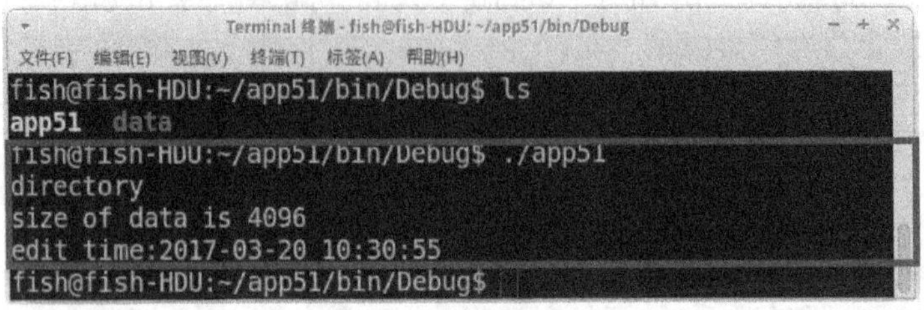

图 5.5 data 为目录文件时，stat 应用示例运行结果

5.3.2 Linux 目录操作示例

1. 打开/关闭目录

```
#include <dirent.h>
DIR * opendir(const char * name);
int closedir(DIR *dir);
```

opendir 函数用于打开参数 name 指定的目录，并返回 DIR*形态的目录流，和 open 函数类似，接下来对目录的读取和搜索都要使用此返回值。 closedir 函数用于关闭参数 dir 所指的目录流。

返回值：opendir 成功时返回 DIR*形态的目录流，失败时返回 NULL。

closedir 成功时返回 0，失败时返回-1。

2. 读取目录

```
#include <dirent.h>
struct dirent * readdir(DIR * dir);
```

readdir 函数用于获取参数 dir 目录流的下个目录进入点。函数成功时返回下个目录进入点。有错误发生或读取到目录文件尾时返回 NULL。

返回类型 dirent 结构体定义如下：

```
struct dirent{
    ino_t d_ino;                    // 此目录进入点的inode
    ff_t d_off;                     // 目录文件开头至此目录进入点的位移
```

```
    signed short int d_reclen;          // d_name的长度，不包含NULL字符
    unsigned char d_type;               // d_name 所指的文件类型
    har d_name[256];                    // 文件名
};
```

程序 5.2 给出了 Linux 下目录和文件属性操作的一个应用示例，该程序根据执行参数指定的路径打开目录，然后遍历该目录下的所有文件，并输出每个文件的文件名、文件大小和修改时间信息。

程序 5.2　遍历目录示例

```c
#include <unistd.h>
#include <stdio.h>
#include <errno.h>
#include <sys/types.h>
#include <sys/stat.h>
#include <dirent.h>
#include <time.h>
static int get_file_size_time(const char *filename) {
    struct stat statbuf;
    if (stat(filename, &statbuf) == -1) {
        printf("Get stat on %s Error: %s\n", filename, strerror(errno));
        return (-1);
    }
    if(S_ISDIR(statbuf.st_mode))            return (1);
    if (S_ISREG(statbuf.st_mode))
        printf("%s size: %ld bytes\tmodified at %s", filename,
                statbuf.st_size, ctime(&statbuf.st_mtime));
    return (0);
}
int main(int argc, char **argv) {
    DIR *dirp;
    struct dirent *direntp;
    int stats;
    char buf[80];
    if (argc != 2) {
        printf("Usage: %s filename\n", argv[0]);          exit(1);
    }
    if(((stats = get_file_size_time(argv[1]) == 0) || (stats == -1))
        exit(1);
    if ((dirp = opendir(argv[1])) == NULL) {
        printf("Open Directory %s Error: %s\n", argv[1], strerror(errno));
        exit(1);
    }
    while ((direntp = readdir(dirp)) != NULL) {
```

```
        sprintf(buf, "%s/%s", argv[1], direntp->d_name);
        if (get_file_size_time(buf) == -1)
            break;
    }
    closedir(dirp);
    exit(1);
}
```

在 Code::Blocks 里建立 Console Application 工程，把 main.c 文件里的代码修改为程序 5.2，如图 5.6 所示。

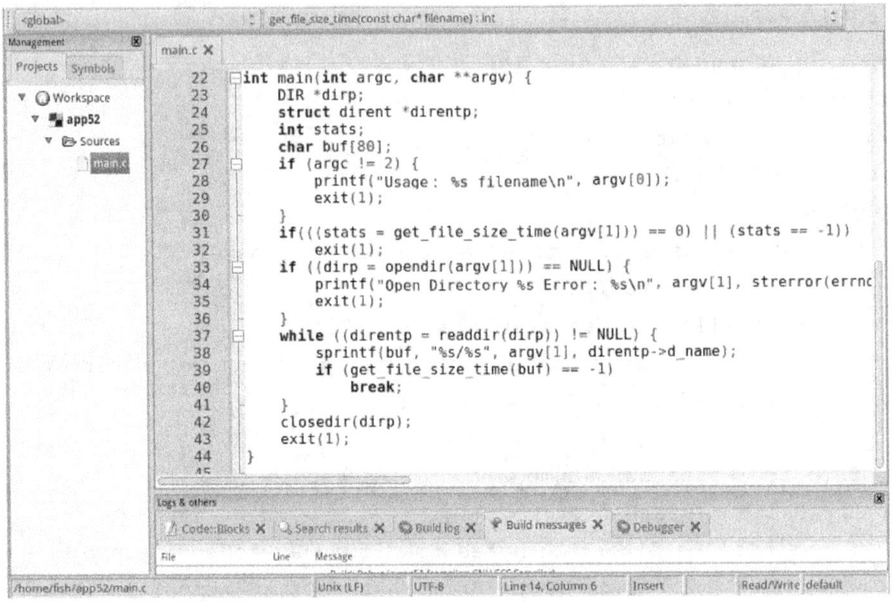

图 5.6　遍历目录示例工程

编译 app52 工程，在可执行程序目录下建立测试目录文件 data，在 data 目录下新建 5 个测试文件 test1～test5，运行结果如图 5.7 所示。

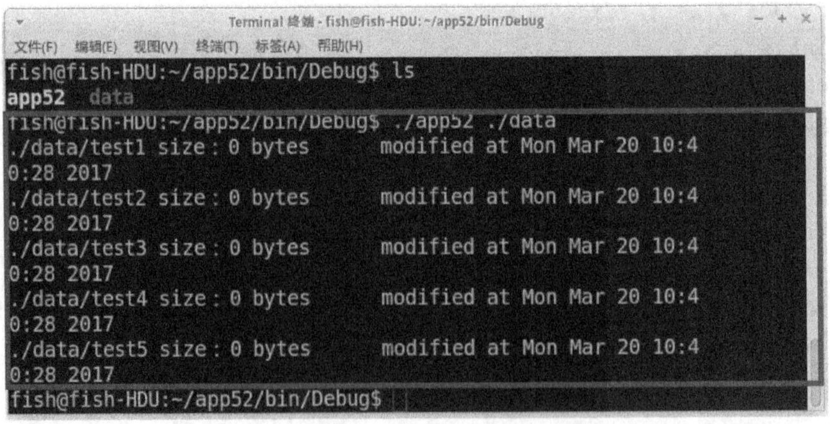

图 5.7　遍历目录示例工程运行结果

5.4　实践练习

5-1 参考程序 5.2,设计一个程序,以列表形式列出当前目录下的所有.C 文件和子目录,打印的文件信息包括文件名、文件大小、文件修改时间。

5-2 扩展 5-1 中程序的功能,可以接收用户输入的每一行命令:当输入列出的文件名时,显示该文件内容,然后等待用户回车返回文件目录列表;当输入子目录名称时,进入该目录并列出该目录下的所有.C 文件和子目录;当输入..时返回上层目录,当输入 exit 时,退出程序。

第 6 章

驱动设计及应用

6.1　背景知识

系统调用是操作系统内核和应用程序之间的接口,而设备驱动程序是操作系统内核和机器硬件之间的接口。设备驱动程序为应用程序屏蔽了硬件的细节,这样在应用程序看来,硬件设备只是一个设备文件,应用程序可以像操作普通文件一样对硬件设备进行操作。设备驱动程序是内核的一部分。

Linux 将设备分成两大类:一类是块设备,即成块进行数据输入/输出的设备,类似磁盘以记录块或扇区为单位进行数据读写;另一类是字符设备,类似键盘以字符为单位,逐个字符进行输入/输出的设备。此外,还有一类为网络设备,网络设备文件通常是指网络设备访问的 Socket 接口,如网卡等。块设备接口仅支持面向块的 I/O 操作,所有 I/O 操作都通过内核地址空间中的 I/O 缓冲区进行,它可支持随机存取的功能。文件系统通常建立在块设备上。字符设备接口支持面向字符的 I/O 操作,由于它们不经过系统的快速缓存,所以它们自己负责管理缓冲区结构。字符设备接口只支持顺序存取的功能,一般不能进行任意长度的 I/O 请求,而是限制 I/O 请求的长度必须是设备要求的基本块长的倍数。

6.1.1　设备驱动程序

设备驱动程序是处理和操作硬件控制器的程序,从本质上讲,是内核中具有最高特权级的、驻留内存的、可共享(可重入的)的底层硬件处理程序。驱动程序是内核的一部分,是操作系统内核与硬件设备的直接接口,驱动程序屏蔽了硬件细节,为上层用户操作设备带来了方便。设备驱动程序常具备以下功能。

(1)对设备初始化和释放。

(2)对设备进行管理,包括实时参数设置,以及提供对设备的操作接口。

(3)读取应用程序传送给设备文件的数据或者回送应用程序请求的数据。

(4)检测和处理设备出现的错误。

Linux 操作系统将所有的设备全部看作文件,并通过文件的操作接口进行数据处理。对用户程序而言，设备驱动程序隐藏了设备的具体细节，对不同设备提供了统一的接口，一般来说，是把设备映射为一个特殊的设备文件，用户程序可以像对普通文件一样对此设备文件进行操作。这就意味着：由于每一个设备至少由文件系统的一个文件代表，因而都有一个"文件名"；应用程序通常可以通过系统调用 open 函数打开设备文件，建立起与目标设备的连接；打开了代表着目标设备的文件，即建立起与设备的连接后，可以通过 read、write、ioctl 等常规的文件操作对目标设备进行操作。

设备文件的属性由三部分信息组成：第一部分是文件的类型，第二部分是一个主设备号，第三部分是一个次设备号。其中，类型和主设备号结合在一起唯一确定了设备文件驱动程序，而次设备号则说明了目标设备是同类设备中的第几个。

由于 Linux 系统中将设备当作文件处理，所以对设备进行操作的调用格式与对文件的操作类似，主要包括 open、read、write、ioctl、close 等函数。应用程序发出系统调用命令后，会从用户态转到核心态，通过内核将 open 等系统调用转换成对物理设备的操作。

6.1.2　处理器与设备间数据交换方式

处理器与外设之间传输数据的方式通常有三种：查询方式、中断方式和直接内存存取方式。

1. 查询方式

设备驱动程序通过设备的 I/O 端口空间与存储器空间完成数据的交换。例如，网卡一般将自己的内部寄存器映射为设备的 I/O 端口，而显示卡则利用大量的存储器空间作为视频信息的存储空间。利用这些地址空间，驱动程序可以向外设发送指定的操作指令。通常来讲，由于外设的操作耗时较长，因此，当处理器实际执行了操作指令之后，驱动程序可采用查询方式等待外设完成操作。这种方式效率较低，会占用大量的 CPU 有效时间。

2. 中断方式

查询方式会浪费大量的处理器有效时间，而中断方式是多任务操作系统中与外设进行数据交互的最有效的方式。当 CPU 进行主程序操作时，如果外设数据已存入端口的数据输入寄存器，或端口的数据输出寄存器已空，此时由外设通过接口电路向 CPU 发出中断请求信号。CPU 在满足一定条件下，暂停当前正在执行的主程序，转入执行该设备的中断处理子程序，待中断处理完毕之后，CPU 再返回并继续执行原来被中断的主程序。这样，CPU 就避免了把大量时间耗费在等待、查询外设状态的操作上，使其工作效率得以大大提高。中断方式的原理示意图如图 6.1 所示。

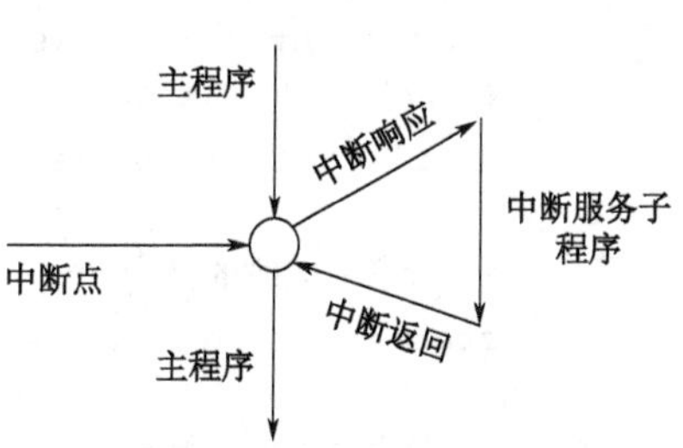

图 6.1　中断响应过程示意图

3. 直接访问内存方式

但是，当传送的数据量很大时，因为中断处理上的延迟，数据传输处理的效率会大大降低。而直接内存访问（DMA）可以解决这一问题。DMA 可允许设备和系统内存间在没有处理器参与的情况下传输大量数据。设备驱动程序在利用 DMA 之前，需要选择 DMA 通道并定义相关寄存器，以及数据的传输方向，即读取或写入，然后将设备设定为利用该 DMA 通道传输数据。设备完成设置之后，可以立即利用该 DMA 通道在设备和系统的内存之间传输数据，传输完毕后产生中断以便通知驱动程序进行后续处理。在利用 DMA 进行数据传输的同时，处理器仍然可以继续执行指令。

6.1.3　驱动程序结构

设备驱动程序基本结构

Linux 系统下的设备驱动程序是内核的一部分，运行在内核模式，也就是说，设备驱动程序为内核提供了一个 I/O 接口，用户使用这个接口实现对设备的操作。驱动程序调用流程如图 6.2 所示。

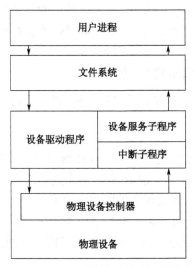

图 6.2　Linux 系统设备驱动程序结构

从编程实现的角度来看，一个字符驱动程序通常由下面几个函数和结构体组成。

```
static int my_open(struct inode * inode, struct file * filp)
{ 设备打开时的操作 …… }
static int my_release(struct inode * inode, struct file * filp)
{ 设备关闭时的操作 …… }
static int my_write(struct file *file, const char * buffer,
                    size_t count, loff_t * ppos)
{ 设备写入时的操作 …… }
static int my_read(struct file *file, const char * buffer,
                    size_t count,loff_t * ppos)
{ 设备读取时的操作 …… }
Static int my_ioctl(struct inode *inode, struct file *filp,
        unsigned int cmd, unsigned long arg)
{ 设备的控制操作 …… }
static struct file_operations my_fops = {
    对文件操作结构体成员定义初始值……

}
```

开发字符设备驱动时，实际工作就是向这些函数添加与外设相关的具体功能。

6.1.4　file_operations 与 file 结构体

在编写驱动程序时，首先要根据驱动程序的功能，完成 file_operations 结构中函数的实现。不需要的函数接口可以直接在 file_operations 结构中初始化为 NULL。file_operations 中的变量会在驱动程序初始化时，注册到系统内部。每个进程对设备的操作，都会根据主次设备号，转换成对 file_operations 结构的访问。以下是 file_operations 结构体的定义：

```
struct file_operations {
    structmodule *owner;
    loff_t(*llseek)(struct file *, loff_t, int);
    ssize_t(*read)(struct file *, char *, size_t, loff_t *);
    ssize_t(*write)(struct file *, const char *, size_t, loff_t *);
    int(*readdir) (struct file *, void *, filldir_t);
    unsignedint (*poll)(struct file *,struct poll_table_struct *);
    int(*ioctl)(struct inode *, struct file *, unsigned int, unsigned long);
    int (*mmap)(struct file *, struct vm_area_struct *);
    int (*open)(struct inode *, struct file *);
    int(*flush) (struct file *);
    int(*release) (struct inode *, struct file *);
    int(*fsync) (struct file *, struct dentry *, int datasync);
    int(*fasync) (int, struct file *, int);
    int (*lock)(struct file *, int, struct file_lock *);
    ssize_t(*readv) (struct file *, const struct iovec *, unsigned long,
        loff_t *);
    ssize_t(*writev) (struct file *, const struct iovec *, unsigned long,
        loff_t *);
    ssize_t(*sendpage) (struct file *, struct page *, int, size_t, loff_t
        *, int);
    unsignedlong (*get_unmapped_area) (struct file*, unsigned long, unsigned
        long, unsigned long, unsignedlong);
};
```

file 结构体主要被文件系统对应的设备驱动程序使用，可提供关于被打开的文件的信息，其定义如下：

```
struct file {
    struct list_head        f_list;
    struct dentry          *f_dentry;
    struct vfsmount        *f_vfsmnt;
    struct file_operations  *f_op;
    atomic_t               f_count;
    unsigned int           f_flags;
    mode_t                 f_mode;
    loff_t                 f_pos;
    unsigned long          f_reada, f_ramax, f_raend, f_ralen, f_rawin;
```

```
    struct fown_struct              f_owner;
    unsigned int                    f_uid,f_gid;
    int                             f_error;
    unsigned long                   f_version;
    /* needed for tty driver, and maybe others */
    void                            *private_data;
    /* preallocated helper kiobuf to speedup O_DIRECT */
    struct kiobuf                   *f_iobuf;
    long                            f_iobuf_lock;
};
```

6.1.5　设备注册和初始化

设备驱动程序在加载时，首先要调用入口函数 init_module()，该函数最主要的工作为向内核注册设备，对于字符设备会调用 register_chrdev()完成注册。register_chrdev 的定义如下：

```
int register_chrdev(unsignedint major,
                    const char *name,
                    struct file_ operations *fops);
```

其中，major 是为设备驱动程序向系统申请的主设备号，如果为 0，则系统为此驱动程序动态分配一个主设备号。name 是设备名，fops 是对各个调用的入口点说明。此函数返回 0 时表示成功；返回-EINVAL 时，表示申请的主设备号非法，主要原因是主设备号大于系统所允许的最大设备号；返回-EBUSY 时，表示所申请的主设备号正在被其他设备程序使用。如果动态分配主设备号成功，则此函数将返回所分配的主设备号。如果 register_chrdev 函数操作成功，则设备名会出现在/proc/dVIces 文件中。

Linux 系统在/dev 目录中为每个设备都建立了一个文件。在设备注册成功以后，Linux 系统将设备名与主、次设备号联系起来。当对此设备进行访问时，Linux 系统会通过请求访问的设备名得到主、次设备号，然后把此访问请求分发到对应的设备驱动程序，设备驱动再根据次设备号调用不同的函数。

当设备驱动模块从 Linux 系统内核中卸载时，对应的主设备号必须被释放。字符设备在 cleanup_module 函数中调用 unregister_chrdev 函数来完成设备的注销。unregister_chrdev 函数的定义如下：

```
int unregister_chrdev(unsignedint major, const char *name);
```

此函数的参数为主设备号 major 和设备名 name。Linux 内核把 name 和 major 在内核注册的名称做对比，如果不相等，卸载失败，并返回-EINVAL；如果 major 大于最大的设备号，也返回-EINVAL。设备驱动的初始化函数主要完成以下功能。

（1）对驱动程序管理的硬件进行必要的初始化。对硬件寄存器进行设置，如设置中断掩码，设置串口的工作方式、并口的数据方向等。

（2）初始化设备驱动相关的参数。一般来说，每个设备都要定义一个设备变量，用于保存设备相关的参数。在这一步骤里对设备变量中的项进行初始化。

（3）在内核注册设备。调用 register_chrdev 函数来注册设备。

（4）注册中断。如果设备需要 IRQ 支持，则要使用 request_irq 函数注册中断。

（5）其他初始化工作。

初始化部分一般负责为设备驱动程序申请包括内存、时钟、I/O 端口等在内的系统资源，这些资源也可以在 open 子程序或者其他地方申请。这些资源不用时，应该释放，以利于资源的共享。驱动程序是内核的一部分，初始化函数要按如下方式声明：

```
int __init chr_driver_init(void);
```

其中，_init 是必不可少的，在系统启动时会由内核调用 chr_driver_init 函数，完成驱动程序的初始化。

当驱动程序以模块的形式编写时，则要按照如下方式声明：

```
int init_module(void)
```

在终端下运行 insmod 命令插入模块时，即会调用 init_module 函数完成初始化工作。

6.1.6　中断管理

设备驱动程序通过调用 request_irq 函数来申请中断，通过 free_irq 函数来释放中断。它们在 linux/sched.h 中的定义如下：

```
int request_irq(
    unsigned int irq,
    void (*handler)(int irq,void dev_id,structpt_regs *regs),
    unsigned long flags,
    const char *deVIce,
    void *dev_id
);
void free_irq(unsigned int irq, void*dev_id);
```

通常而言，从 request_irq 函数返回的值为 0 时，表示申请成功；返回值为负值表示出现错误。

参数 irq：为所要申请的硬件中断号。

参数 handler：为向系统登记的中断处理子程序，中断产生时由系统来调用，调用时所带参数 irq 为中断号，dev_id 为申请时告诉系统的设备标识，regs 为中断发生时寄存器的内容。

参数 deVIce：为设备名，将会出现在/proc/interrupts 文件里。

参数 flag：为申请时的选项，它决定中断处理程序的一些特性，其中最重要的是决定中断处理程序是快速处理程序（flag 里设置了 SA_INTERRUPT）还是慢速处理程序（不设置 SA_INTERRUPT）。用来打开和关闭中断的函数如下：

```
#define cli() _asm_ _volatile_("cli"::)
#define sli() _asm_ _volatile_("sli"::)
```

6.1.7　设备驱动开发所用到的几类重要函数

1. 申请 I/O 函数

```
int check_region(unsigned int from, unsigned int extent);
```

```
void request_region(unsigned int from,
                    unsigned int extent,
                    const char *name);
void release_region(unsigned int from, unsignedint extent);
```

参数 from：为所申请的 I/O 端口的起始地址。

参数 extent：为所要申请的从 from 开始的端口数。

参数 name：为设备名，将会出现在/proc/ioports 文件里。

参数 check_region：返回 0 表示 I/O 端口空闲，否则为正在被使用。

在申请了 I/O 端口之后，可以借助 asm/io.h 中的以下几个函数来访问 I/O 端口。

```
inline unsigned int inb(unsigned shortport);
inline unsigned int inb_p(unsigned shortport);
inline void outb(char value, unsigned shortport);
inline void outb_p(char value,unsigned short port);
```

其中，inb_p 和 outb_p 插入了一定的延时以适应某些低速的 I/O 端口。

2. 时钟函数

在设备驱动程序中，一般需要用到计时机制。在 Linux 系统中，时钟是由系统接管的，设备驱动程序可以向系统申请时钟。与时钟有关的系统调用如下：

```
#include <asm/param.h>
#include <linux/timer.h>
void add_timer(struct timer_list * timer);
int del_timer(struct timer_list * timer);
inline void init_timer(struct timer_list *timer);
```

参数 timer 的数据类型 struct timer_list 结构体是一种双向链表，其定义如下：

```
struct timer_list {
    struct timer_list *next;
    struct timer_list *prev;
    unsigned long expires;
    unsigned long data;
    void (*function)(unsigned long d);
};
```

其中，expires 是要执行 function 的时间。系统核心有一个全局变量 jiffies 表示当前时间，一般在调用 add_timer 时 jiffies=JIFFIES+num，表示在 num 个系统最小时间间隔后执行 function 函数。系统最小时间间隔与所用的硬件平台有关，在核心里定义的常数 HZ 表示一秒内最小时间间隔的数目，即 num*HZ 表示 num 秒。系统计时到预定时间就调用 function，并把此子程序从定时队列里删除，可见，如果想要每隔一定时间间隔执行一次，则必须在 function 里再一次调用 add_timer。function 的参数 d 即为 timer 里面的 data 项。

3. 内存操作函数

作为系统核心的一部分，设备驱动程序在申请和释放内存时不是调用 malloc 和 free 函数，而是以调用 kmalloc 和 kfree 函数，它们在 linux/kernel.h 中被定义如下：

```
void * kmalloc(unsigned int len, intpriority);
void kfree(void * obj);
```

参数 len 为希望申请的字节数；obj 为要释放的内存指针；priority 为分配内存操作的优先级，即在没有足够空闲内存时如何操作，一般由取值 GFP_KERNEL 解决即可。

4．复制函数

在用户程序调用 read、write 时，因为进程的运行状态由用户态变为核心态，所以地址空间也变为核心地址空间。由于 read、write 中参数 buf 是指向用户程序的私有地址空间的，所以不能直接访问，必须通过下面两个系统函数来访问用户程序的私有地址空间。

```
#include <asm/segment.h>
void memcpy_fromfs(void * to, const void *from, unsigned long n);
void memcpy_tofs(void * to, const void *from, unsigned long n);
```

memcpy_fromfs 由用户程序地址空间向核心地址空间复制，memcpy_tofs 则反之。参数 to 为复制的目的指针，from 为源指针，n 为要复制的字节数。

在设备驱动程序里，可以调用 printk 来打印一些调试信息，printk 的用法与 printf 类似。printk 打印的信息不仅出现在屏幕上，还记录在文件 syslog 里。

6.1.8　设备驱动程序的开发过程

由于嵌入式系统的硬件种类非常丰富，在默认的内核发布版本中不一定包括所有驱动程序。所以进行嵌入式 Linux 系统开发时，相当一部分工作是为各种设备编写驱动程序。嵌入式 Linux 系统驱动程序开发与普通 Linux 系统开发没有区别。可以在硬件生产厂家或者 Internet 上寻找驱动程序，也可以根据相近的硬件驱动程序来改写，这样可以加快开发速度。实现一个嵌入式 Linux 设备驱动的大致流程如下。

（1）查看原理图，理解设备的工作原理。一般嵌入式处理器的生产商提供了参考电路，也可以根据需要自行设计。

（2）定义设备号。设备由一个主设备号和一个次设备号来标识。主设备号唯一标识了设备类型，即设备驱动程序类型，它是块设备表或字符设备表中设备表项的索引。次设备号仅由设备驱动程序解释，区分被一个设备驱动控制下的某个独立的设备。

（3）实现初始化函数。在驱动程序中实现驱动的注册和卸载。

（4）设计所要实现的文件操作，定义 file_operations 结构。

（5）实现所需的文件操作调用，如 read、write 等。

（6）实现中断服务，并用 request_irq 向内核注册，中断并不是每个设备驱动所必需的。

（7）编译该驱动程序到内核中，或者用 insmod 命令加载模块。

（8）测试该设备，编写应用程序，对驱动程序进行测试。

6.1.9　驱动程序（内核模块）编译进内核

如果直接把驱动程序编译进内核，则需要修改两个文件：Kconfig 和 Makefile。

第一步：把驱动程序（如 hello.c）放到内核源代码相应的目录下（根据功能选择目录，如 drivers/char 下）。

第二步：修改 Kconfig，修改所放源文件目录下的 Kconfig，打开一个终端，进入内核源代码的顶层目录，输入命令打开 Kconfig 文件。

```
VI drivers/char/Kconfig
```

在末尾的 endmenu 之前加上如下两行代码，保存并退出。

```
config HELLO_WORLD
bool "helloworld"
```

第三步：在内核源代码顶层目录下，通过 make menuconfig ARCH=arm 进入配置菜单，选中刚添加（要编译进内核）的项。配置结果体现在.config 文件中，.config 文件位于内核源代码顶层目录下，通过 VI .config 可以查看。从中可以看到：CONFIG_HELLO_WORLD=y。

第四步：修改所放源文件目录下的 Makefile，在其末尾添加一行代码，保存并退出。

```
obj-$(CONFIG_HELLO_WORLD) += hello.o
```

第五步：编译内核。在终端下回到内核源代码顶层目录，然后输入如下命令编译内核。

```
make uImage ARCH=arm CROSS_COMPILE=arm-linux-
```

6.2　实践准备

6.2.1　预习要求

（1）理解 Linux 设备驱动程序的基本原理。

（2）熟悉 Linux 内核中的设备管理机制。

6.2.2　实践目的

（1）能够编写字符设备的驱动程序。

（2）能够编写应用程序来调用驱动程序。

6.3　实践内容和步骤

6.3.1　实现虚拟字符设备驱动程序

（1）创建驱动源码文件，新建一个名为 test_drv.c 的 C 文件，编辑文件内容如程序 6.1 所示。

程序 6.1　test_drv.c 驱动源码

```
/*test_drv.c*/
```

```c
#include <linux/module.h>
#include <linux/init.h>
#include <linux/fs.h>
#include <linux/kernel.h>
#include <linux/slab.h>
#include <linux/types.h>
#include <linux/errno.h>
#include <linux/cdev.h>
#include <asm/uaccess.h>
#define TEST_DEVICE_NAME "test_dev"
#define BUFF_SZ 1024
/*全局变量*/
static struct cdev test_dev;
unsigned int major = 168;   // 主设备号！必须与mknod时的参数一致！
static char *data = NULL;
/*函数声明*/
static size_t test_read(struct file *file, char *buf,
                    size_t count, loff_t *f_pos);
static size_t test_write(struct file *file, const char *buffer,
                    size_t count, loff_t *f_pos);
static int test_open(struct inode *inode, struct file *file);
static int test_release(struct inode *inode, struct file *file);
/*读函数*/
static size_t test_read(struct file *file, char *buf,
                    size_t count, loff_t *f_pos) {
    int len;
    if(count < 0) { return -EINVAL; }
    len = strlen(data);
    count = (len > count) ? count : len;
    if(copy_to_user(buf, data, count))   { return -EFAULT;}
    return count;
}
/*写函数*/
static size_t test_write(struct file *file, const char *buffer,
                    size_t count, loff_t *f_pos) {
    if(count < 0) {   return -EINVAL;}
    memset(data, 0, BUFF_SZ);
    count = (BUFF_SZ > count) ? count : BUFF_SZ;
    if(copy_from_user(data, buffer, count)) { return -EFAULT;}
    return count;
}
/*打开函数*/
static int test_open(struct inode *inode, struct file*file) {
    printk("This is openo peration\n");
    data = (char*)kmalloc(sizeof(char) * BUFF_SZ, GFP_KERNEL);
```

```
    if(!data) { return -ENOMEM;   }
    memset(data, 0, BUFF_SZ);
    return 0;
}
/*关闭函数*/
static int test_release(struct inode *inode, struct file *file) {
    printk("This is release operation\n");
    if(data) {
        kfree(data);
        data = NULL;
    }
    return 0;
}
static void test_setup_cdev(struct cdev *dev, int minor,
                    struct file_operations *fops) {
    int err, devno = MKDEV(major, minor);
    cdev_init(dev, fops);
    dev->owner = THIS_MODULE;
    dev->ops = fops;
    err = cdev_add(dev, devno, 1);
    if(err) {
        printk(KERN_NOTICE"Error %d adding test%d", err, minor);
    }
}
/*test设备的file_operations结构*/
static struct file_operations test_fops = {
    .owner = THIS_MODULE,
    .read = test_read,
    .write = test_write,
    .open = test_open,
    .release = test_release,
};
/*模块注册入口*/
int init_module(void) {
    int result;
    dev_t dev = MKDEV(major,0);
    if(major) {
        result = register_chrdev_region(dev, 1, TEST_DEVICE_NAME);
        }
    else {
        result = alloc_chrdev_region(&dev, 0, 1, TEST_DEVICE_NAME);
        major = MAJOR(dev);
    }
    if(result < 0) {
        printk(KERN_WARNING"TestdeVIce:unable to get major %d\n", major);
```

```
        return result;
    }
    test_setup_cdev(&test_dev, 0, &test_fops);
    printk("The major of the test deVIce is %d\n", major);
    return 0;
}
/*卸载模块*/
void cleanup_module(void) {
    cdev_del(&test_dev);
    unregister_chrdev_region(MKDEV(major, 0), 1);
    printk("Test deVIce uninstalled.\n");
}
MODULE_LICENSE("GPL");
MODULE_AUTHOR("HDU EE");
MODULE_DESCRIPTION("A simple deVIce driver example!");
```

（2）在源代码同一目录下新建一个 Makefile 文件，编辑该文件内容如程序 6.2 所示。

程序 6.2　test_drv 设备源码的 Makefile 文件

```
if neq ($(KERNELRELEASE),)
obj-m:=test_drv.o
else
KERNELDIR:=/lib/modules/$(shell uname -r)/build
PWD:=$(shell pwd)
default:
    $(MAKE) -C $(KERNELDIR) M=$(PWD) modules
clean:
    rm -rf *.o *.mod.c *.mod.o *.ko
endif
```

注意：Makefile 文件中的命令必须以 Tab 键为开始。

（3）在源代码当前目录下用 make 命令进行编译，然后插入编译好的.ko 模块。

```
make
insmod test_drv.ko
```

insmod 命令执行成功后，运行下面的命令检查设备是否创建成功。

```
cat /proc/deVIces
```

cat 命令执行结果如图 6.3 所示，由此可知 test_drv 字符设备已经成功创建。

（4）在终端下输入命令，创建设备节点，然后在/dev 下查看设备文件，如图 6.4 所示。

```
mknod test_dev c 168 0
chmod 666 /dev/test_dev
```

（5）编写测试应用程序，取名为 test.c。该程序打开名为 test_dev 的设备文件，并且在终端下每读取一行用户输入字符串就将其写入设备，然后从设备读回数据，如果写入字符串与读字符串相同，即表示 test_dev 设备工作正常。程序 6.3 为测试应用程序示例代码。

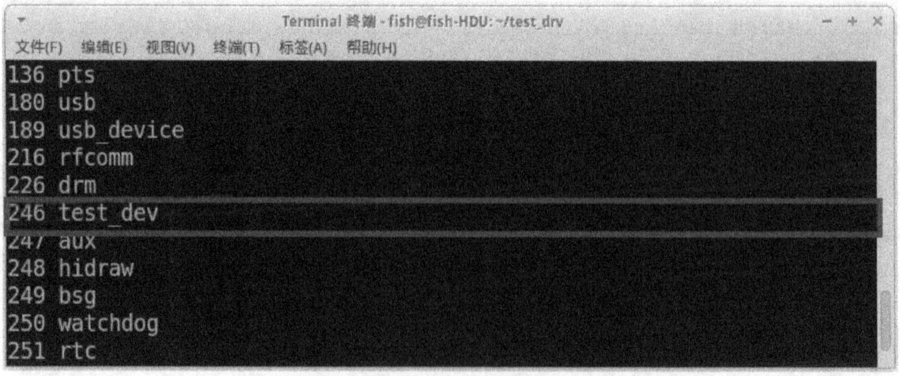

图 6.3　test_drv 设备插入成功

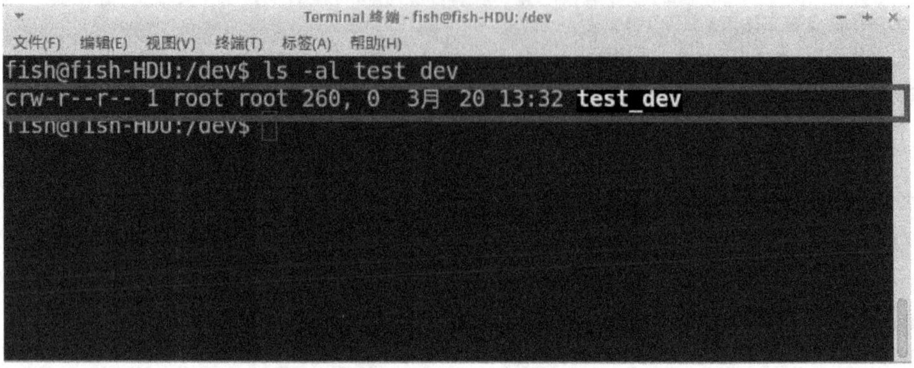

图 6.4　在/dev 目录下生成设备节点文件

程序 6.3　测试程序示例代码

```c
/*test.c*/
#include <stdio.h>
#include <stdlib.h>
#include <string.h>
#include <sys/stat.h>
#include <sys/types.h>
#include <unistd.h>
#include <fcntl.h>
#define BUFF_SZ 1024
int main() {
    int fd, nwrite, nread;
    char buff[BUFF_SZ];
    fd = open("/dev/test_dev", O_RDWR);
    if(fd < 0) {
        perror("open fail!\n");
        exit(1);
    }
    do {
        printf("Input some words to kernel (enter 'quit' to exit):\n");
        memset(buff, 0, BUFF_SZ);
```

```
        if(fgets(buff, BUFF_SZ, stdin) == NULL) {
            perror("fgets error!\n");
            break;
        }
        buff[strlen(buff)-1] = '\0';
        if(write(fd, buff, strlen(buff)) < 0) {
            perror("write error!\n");
            break;
        }
        if(read(fd, buff, BUFF_SZ) < 0) {
            perror("read error!\n");
            break;
        }
        else
            printf("The read string is from kernel:%s\n", buff);
    } while(strncmp(buff, "quit", 4));
    close(fd);
    exit(0);
}
```

（6）编译并运行测试程序，查看测试结果，如图 6.5 所示。

```
arm-linux-gcc -o test test.c
 ./test
```

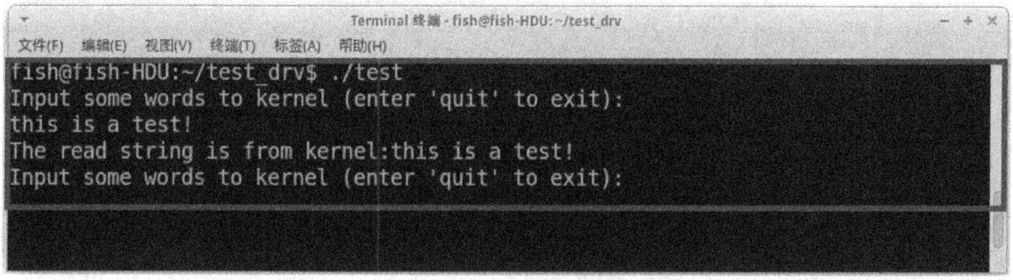

图 6.5　设备驱动测试结果

（7）调试完成后，可以输入命令卸载驱动程序。

```
rmmod test_drv.ko
```

（8）对 Mini2451 平台编译该驱动程序时，需要把开发板 Linux 系统源代码包复制到虚拟机开发环境中，解压到工作目录下（如目录/home/fish），在其 drivers/char 目录下新建文件夹 test_drv，并在该文件夹下新建源代码文件 test_drv.c 与 Makefile 文件，这里的 Makefile 文件内容按程序 6.4 修改，其他操作过程与前面的（3）～（7）一致。

程序 6.4　test_drv 设备源码的 Makefile 文件

```
obj-m:=test_drv.o
KDIR := /home/fish/kernel/linux-2.6.25     //为arm内核的路径
PWD = $(shell pwd)
```

```
all:
    make -C $(KDIR) M=$(PWD) modules
clean:
    rm -rf *.o
```

6.3.2　LED 与按键应用程序设计

　　ARM 开发板上已经默认加载了 LED 与按键的驱动程序，在开发板的/dev 目录下可以找到 leds 和 button 两个设备文件。设计应用程序时可以通过 open、read、write、ioctl 这些文件函数来访问设备文件。程序 6.5 和程序 6.6 分别演示了流水灯和按键状态读取的功能，两个应用程序的示例代码如下。

程序 6.5　流水灯示例程序

```c
#include <stdio.h>
#define IOCTL_LED_ON    1
#define IOCTL_LED_OFF   0
int main(int argc, char** argv) {
    printf("Hello leds!\n");
    int fd = open("/dev/leds", 0);
    if (fd > 0) {
        int i, n = 100;
        while (n-- > 0) {    // 1分钟流水灯
            for (i = 0; i < 6; ++i) {
                ioctl(fd, IOCTL_LED_OFF, 0);
                ioctl(fd, IOCTL_LED_OFF, 1);
                ioctl(fd, IOCTL_LED_OFF, 2);
                ioctl(fd, IOCTL_LED_OFF, 3);
                ioctl(fd, IOCTL_LED_ON, (i >= 4) ? ((6 - i) % 4) : i);
                usleep(100000);    // 延时100ms
            }
        }
        close(fd);
    }
    return 0;
}
```

程序 6.6　按键响应示例程序

```c
#include <stdio.h>
#include <stdlib.h>
#include <unistd.h>
#include <fcntl.h>
#include <errno.h>
int main(void) {
    int i, btn_fd;
    char cbtns[6], obtns[6] = {'0', '0', '0', '0', '0', '0'};
    btn_fd = open("/dev/buttons", 0);
```

```
    if (btn_fd < 0) { perror("open deVIce buttons"); exit(1); }
    for (;;) {
        if (read(btn_fd, cbtns, 6) != 6) {
            perror("read buttons:");  exit(1);
        }
        for (i = 0; i < 6; ++i) {
            if (obtns[i] != cbtns[i]) {
                obtns[i] = cbtns[i];
                printf("key %d is %s\n", i+1, obtns[i] == '0' ? "up" : "down");
            }
        }
        if (obtns[2] == '1') {    // KEY3按下时退出死循环
            printf("buttons test end!\n"); break;
        }
    }
    close(btn_fd);
    return 0;
}
```

6.3.3　LCD 应用程序设计

帧缓冲（Framebuffer）是 Linux 系统为显示设备提供的一个接口，它将显示缓冲区抽象，屏蔽图像硬件的低层差异，允许上层应用程序在图形模式下直接对显示缓冲区进行读写操作。用户不必关心物理显示缓冲区的具体位置及存放方式，这些都是由帧缓冲设备驱动本身来完成的。对于帧缓冲设备而言，只要在显示缓冲区与显示点对应的区域写入颜色值，对应的颜色就会自动在屏幕上显示。Mini2451 开发板上的 LCD 驱动就使用了 Framebuffer 接口，设备名称为 fb0。帧缓冲设备中，对屏幕显示点的操作通过读写显示缓冲区来完成，在不同的色彩模式下，显示缓冲区和屏幕上的显示点有不同的对应关系，表 6.1 展示了一个像素点在 16 位情况下显示缓冲区与显示点的对应关系。

表 6.1　16 位色时显示缓冲区与现实点对应关系

位	15～11	10～5	4～0
RGB565	R	G	B
RGB555	R	G	B

程序 6.7 通过调用 LCD 驱动程序，演示了如何在屏幕上画出一红色正方形。

程序 6.7　LCD 画图实例程序

```
#include <fcntl.h>
#include <errno.h>
#include <sys/mman.h>
#include <linux/fb.h>
unsigned short *fbmem;  int w, h;
void set_pixel(int x, int y, char r, char g, char b) {
r = (r % 101) * 0x1F / 100; g = (g % 101) * 0x3F / 100;
```

```
b = (b % 101) * 0x1F / 100;
fbmem[y * w + x] = (r << 11) + (g << 5) + b;
}
int main() {
int fb, bits, i, j;
struct fb_var_screeninfo fb_var;
fb = open("/dev/fb0", O_RDWR); // 打开设备文件fb0
if(fb < 0) { printf("open fb0 error!\n"); exit(0); }
// 获取设备信息(屏幕点阵大小、颜色位数)
ioctl(fb, FBIOGET_VSCREENINFO, &fb_var);
w = fb_var.xres;    h = fb_var.yres;
bits = fb_var.bits_per_pixel;
printf("Framebuffer:%d * %d\n", w, h);
printf("Bits:%d\n", bits);
fbmem = mmap(0, w * h * bits/8, PROT_READ |
             PROT_WRITE, MAP_SHARED, fb, 0); // 映射空间
memset(fbmem, 0, w * h * bits / 8); // 清屏
for (i = 0; i < 100; ++i) // 画红色正方形
for (j = 0; j < 100; ++j)
    set_pixel(i, j, 100, 0, 0);
return 0;
}
```

6.4 实践练习

6-1 完成本章给出的虚拟字符设备和测试程序，并在 ARM 开发板上加载该设备驱动程序并进行测试。

6-2 根据 LED 流水灯和按键应用程序，设计一个按键控制的流水灯程序，KEY1 控制流水灯启动、暂停，KEY2 切换流水灯样式（3 种样式以上），KEY3 结束程序。

6-3 根据 LCD 应用程序，在 ARM 开发板的液晶屏上绘制以下方程曲线：

$$x^2+(y-\sqrt[3]{x^2}\,)^2=1$$

第7章

Linux 串口通信及线程应用

7.1 背景知识

7.1.1 串行通信接口

串行接口简称串口，也称串行通信接口（通常指 COM 接口），是采用串行通信方式的扩展接口。

串口通信有两种最基本的方式：同步串行通信方式和异步串行通信方式。

（1）同步串行就是串行外围设备接口（SPI）。SPI 总线系统是一种同步串行外设接口，它可以使 MCU 与各种外围设备以串行方式进行通信以交换信息。

（2）异步串行是指通用异步接收/发送（UART）。UART 包含 TTL 电平的串口和 RS232 电平的串口。TTL 电平是 3.3V 的，而 RS232 是负逻辑电平，它定义+5～+12V 为低电平，而 −12～−5V 为高电平，通常 PC 串口与单片机串口通信需要电平转换芯片，如 MAX232 器件。

串行接口按电气标准及协议来分类，包括 RS-232-C、RS-422、RS485 等。这三个标准只对接口的电气特性做出规定，不涉及接插件、电缆或协议。

RS-232-C 也称标准串口，是目前最常用的一种串行通信接口。它是在 1970 年由美国电子工业协会（EIA）联合贝尔系统、调制解调器厂家及计算机终端生产厂家共同制定的用于串行通信的标准。

传统的 RS-232-C 接口标准有 22 根线，采用标准 25 芯 D 形插座。自 IBM PC/AT 开始使用简化了的 9 芯 D 形插座，至今 25 芯插座现代应用中已经很少采用，两种插座如图 7.1 所示。通常而言，串口通信如果只关心最简单的数据收发通信，那么 9 芯或 25 芯插座中只需要连接 Pin2（TXD）和 Pin3（RXD）两个引脚即可。

RS-232 最大传输距离为 15m，最高通信速率为 20Kb/s。为了弥补 RS-232 通信距离短、速率低的缺点，RS-422 定义了一种平衡通信接口，将传输速率提高到10Mb/s，传输距离延长到 4000 英尺（速率低于 100Kb/s 时），并允许在一条平衡总线上连接最多 10 个接收器。RS- 422 是一种单机发送、多机接收的单向、平衡传输规范，被命名为 TIA/EIA-422-A 标准。

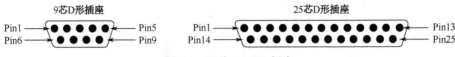

图 7.1　两种 RS-232 插座

为了扩展应用范围，EIA 又于 1983 年在 RS-422 的基础上制定了 RS-485 标准，增加了多点、双向通信能力，即允许多个发送器连接到同一条总线上，同时增加了发送器的驱动能力和冲突保护特性，扩展了总线共模范围，后命名为 TIA/EIA-485-A 标准。RS-485 总线多用于工业装备中的多机远程控制。

7.1.2　串行通信基本参数

串行端口的通信方式是将字节拆分成一个接一个的位再传输出去，接到此电位信号的一方再将其一个一个的位组合成原来的字符，如此形成一个字节的完整传输，在数据传输时，应在通信端口的初始化时设置几个通信参数。

（1）波特率，就是传送数据的速度，但这里的"数据"是数据位数。波特率的意思就是在一秒中可以传输的数据位数，单位是 bps。如果采用波特率 4800bps 进行传输，那么每秒可以传输 600 个字节。9600bps 和 115200bps 是两个比较常用的通信速率。

（2）数据位，当接收设备收到起始位后，紧接着就会收到数据位，数据位的个数可以是 5、6、7 或者 8 位。在字符数据传输的过程中，数据位从最低有效位开始传输。

（3）起始位，在串口线上，没有数据传输时处于逻辑"1"状态，当发送设备要发送一个字符数据时，首先发出一个逻辑"0"信号，这个逻辑低电平就是起始位。起始位通过通信线传向接收设备，当接收设备检测到这个逻辑低电平后，就开始准备接收数据位，因此起始位所起的作用就是告诉接收方字符传输的开始。

（4）停止位，在奇偶校验位或者数据位（无奇偶校验位时）上就是停止位，它可以是 1 位、1.5 位或者 2 位，停止位是一个字符数据的结束标志。

（5）奇偶校验位，数据位发送完之后，就可以发送奇偶校验位。奇偶校验用于有限差错校验，通信双方在通信时约定一致的奇偶校验方式。就数据传输而言，奇偶校验位是冗余位，但它表示数据的一种性质，这种性质用于检错，虽然有限但是很容易实现。

7.1.3　Linux 串口相关概念

在 Linux 中，设备文件一般位于/dev 下，其中串口 1、串口 2 对应的设备文件依次为/dev/ttyS0、/dev/ttyS1，可以查看/dev 下的文件以确认。在之前的章节中已经提到过，Linux 下对设备的操作方法与对文件的操作方法类似。因此，对串口的读写可以使用 read、write 函数来完成，所不同的是在读写串口之前需要对串口的其他参数进行配置。Linux 串口通信详细信息可以参见网络文档《Serial Programming Guide for POSIX Operating Systems》（http://digilander.libero.it/robang/rubrica/serial.htm），本小节仅做实践必要说明。

要注意的是，串口和其他设备一样，在 Linux 系统中都是以设备文件的形式存在的，而普通用户一般不能直接访问设备文件，这就导致一般用户编写的串口程序在执行的时候可能会遭遇访问拒绝而无法运行的情况。所以在需要运行串口程序的时候，用户通常可以通过以下几种方法获取执行权限。

（1）改变设备文件的访问权限设置，如串口程序需要访问串口 1，那么可以先用如下命令改变/dev/ttyS0 设备文件的执行权限，然后就可以照常执行串口程序了。但该方法仅单次有效，系统重启后就无效了。

```
sudo chmod 666 /dev/ttyS1
```

（2）以 root 超级用户的身份运行程序，如串口程序名为 testserial，那么可以在终端中先切换到程序所在路径，然后输入以下命令以 root 权限运行程序。这种方法最为直接，很多 ARM 开发板默认以 root 账号登录，因此不需要 sudo 就可以直接运行串口程序了，但是在桌面 Linux 系统上还是需要 sudo 命令。

```
sudo ./testserial
```

（3）将当前用户添加到 Linux 系统的 dialout 用户组中，这样当前用户就拥有了操作硬件设备的权限，这种方法一直有效，不需要每次系统重启后进行重新设置。例如，当前用户名为 fish，在 Linux 终端中，输入以下命令添加用户到 dialout 用户组中，添加完成后要记得注销重新登录或重启才有效。

```
sudo gpasswd -a fish dialout
```
或者
```
sudo usermod -aG dialout fish
```

解决了串口权限问题后，就可以编程并打开串口了，以下是常见的打开串口 1 的代码：

```
int fd;
/*以读写方式打开串口1*/
fd = open( "/dev/ttyS0", O_RDWR | O_NOCTTY | O_NDELAY);
if (-1 == fd){ /* 不能打开串口1*/
    perror(" 提示错误! ");
}
```

打开串口连接的时候，程序在 open 函数中除了读写模式以外还指定了两个选项。

标志 O_NOCTTY 可以告诉系统这个程序不会成为这个端口上的"控制终端"。如果不这样做，所有的串口输入，如 Ctrl+C 中止信号等特殊控制字符，会影响到串口程序的运行。用户在设计自己的串口终端程序的时候有可能会使用这个特性，但是通常情况下，用户程序不会使用这个行为。

O_NDELAY 标志则是告诉系统这个程序并不关心 DCD 信号线的状态，也就是不关心端口另一端是否已经连接。如果不指定这个标志，除非 DCD 信号线上有 space 电压，否则这个程序会一直睡眠等待。

串口的参数配置，主要是设置串口中的数据传输速率（波特率）、校验位和停止位。编写程序时，串口的设置主要是设置 struct termios 结构体的各个成员值。struct termios 结构体在 termios.h 文件中的定义大致如下。

```
#include <termios.h>
struct termios {
```

```
        unsigned int c_iflag;      /* 输入模式标志 */
         unsigned int c_oflag;      /* 输出模式标志 */
          unsigned int c_cflag;     /* 控制模式标志 */
         unsigned int c_lflag;      /* 本地模式标志 */
          unsigned char c_line;     /* 行标识 */
    unsigned char c_cc[NCCS];      /* 控制字符 */
    unsigned int c_ispeed;         /* 输入速率 */
    unsigned int c_ospeed;         /* 输出速率 */
        };
```

在 termios 结构体中最为重要的成员是 c_cflag，通过对它的赋值，用户可以设置数据传输速率、字符大小、数据位、停止位、奇偶校验位和硬件流控等。termios.h 文件中给出了一系列的宏定义，配置串口时需要通过这些宏结合位操作对前面的几个模式标志进行设置。常见的串口配置代码如下。

```
        struct termios options;
        tcgetattr(fd, &options);              /* 获取当前串口配置*/
        cfsetispeed(&options, B9600);         /* 设置输入速率9600bps */
        cfsetospeed(&options, B9600);         /* 设置输出速率9600bps */
        options.c_cflag |= (CLOCAL | CREAD); /* 使能数据接收LOCAL模式 */
        /* 无奇偶校验，8位数据位，1位停止位 */
        options.c_cflag &= ~PARENB;
        options.c_cflag &= ~CSTOPB;
        options.c_cflag &= ~CSIZE;
        options.c_cflag |= CS8;
        tcsetattr(fd, TCSANOW, &options);     /* 设置串口且立即生效 */
```

在串口的模式配置过程中，通常有两个选项一直打开，分别是 CLOCAL 和 CREAD。这两个选项可以保证串口程序不会变成端口的所有者(端口所有者必须处理发散性作业控制和挂断信号)，同时保证了串口驱动会读取的数据字节。

对波特率的设置，不同的操作系统会将波特率存储在不同的位置，旧的编程接口将波特率存储在 c_cflag 成员中，而新的接口实现则提供了 c_ispeed 和 c_ospeed 成员来保存实际波特率的值。应用编程的时候仅需要使用 cfsetospeed 和 cfsetispeed 函数在 termios 结构体中设置波特率而不用去考虑底层操作系统接口。

设置好串口之后，读写串口就会把串口当作文件来读写，以下是发送和读取串口数据的简单示例：

```
        #define MAXLEN 1024
        char buff[MAXLEN];
        int    nread;
        memset(buff, 0, MAXLEN);
        while((nread = read(fd, buff, MAXLEN)) > 0) // 读取串口数据
        {
            printf("nread=%d,%s\n",nread,buff);
            write(fd, buff, strlen(buff)); // 回送接收数据
        }
```

和写入其他设备文件的方式相同，write 函数也会返回发送数据的字节数或者在发生错误的时候返回-1。而使用 read 函数读取串口数据，函数的返回值是实际串口收到的字符数，也就是返回从串口输入缓冲区中实际得到的字符的个数。在无法得到数据的情况下，read 系统调用会一直等待，直到端口上有新的字符可以读取或者发生超时或者错误的情况发生时为止。

如果需要 read 函数迅速返回，则可以使用操作文件的函数来实现异步读取，如 fcntl 或者 select 等来操作，例如：

```
fcntl(fd, F_SETFL, FNDELAY);
```

标志 FNDELAY 可以保证 read 函数在端口上读不到字符的时候返回 0。需要回到正常(阻塞)模式的时候，可以用参数 0 调用 fcntl 函数：

```
fcntl(fd, F_SETFL, 0);
```

当然，还可以在配置串口参数的时候，通过设置控制字符 c_cc 数组中的 VMIN 和 VTIME 两项来进行超时设置。VMIN 可以指定读取的最小字符数。如果它被设置为 0，那么 VTIME 值会指定每个字符读取的等待时间。将 VMIN 和 VTIME 项都设置为 0，效果也是 read 读取没有数据时直接返回 0：

```
options.c_cc[VTIME] = 0;
options.c_cc[VMIN] = 0;
```

串口操作结束时，关闭串口和一般的文件操作一样，即调用 close 函数：

```
close(fd);
```

7.1.4　Linux 线程

典型的 UNIX/Linux 进程可以看作只有一个控制线程：一个进程在同一时刻只做一件事情。有了多个控制线程后，在程序设计时可以把进程设计成在同一时刻做不止一件事，每个线程各自处理独立的任务。

进程是程序执行时的一个实例，是担当分配系统资源（CPU 时间、内存等）的基本单位。在面向线程设计的系统中，进程本身不是基本运行单位，而是线程的容器。程序本身只是指令、数据及其组织形式的描述，进程才是程序（那些指令和数据）的真正运行实例。

相对进程而言，线程是一个更加接近于执行体的概念，它可以与同进程中的其他线程共享数据，但拥有自己的栈空间，拥有独立的执行序列。在串行程序基础上引入线程和进程是为了改善程序结构，提高程序的并发度，从而提高程序运行效率和响应时间。

多线程开发在 Linux 平台上已经有成熟的 pthreads 库支持，这是一个 POSIX 标准线程库。pthreads 定义了一套 C 程序语言类型、函数与常量，它以 pthread.h 头文件和一个线程库实现。其涉及的多线程开发的最基本概念主要包含三点：线程、互斥锁、条件。其中，线程操作又分为线程的创建、退出、等待 3 种。互斥锁则包括 4 种操作，分别是创建、销毁、加锁和解锁。条件操作有 5 种操作：创建、销毁、触发、广播和等待。各操作对应线程 API 如表 7.1 所示。

表 7.1　多线程操作对应函数

对象	操作	Linux pthread API
线程	创建	pthread_create
	退出	pthread_exit
	等待	pthread_join
互斥锁	创建	pthread_mutex_init
	销毁	pthread_mutex_destroy
	加锁	pthread_mutex_lock/pthread_mutex_trylock
	解锁	pthread_mutex_unlock
条件	创建	pthread_cond_init
	销毁	pthread_cond_destroy
	触发	pthread_cond_signal
	广播	pthread_cond_broadcast
	等待	pthread_cond_wait/pthread_cond_timedwait

线程创建 pthread_create 定义如下：

```
#include <pthread.h>
int pthread_create(
    pthread_t *restrict tidp,
    const pthread_attr_t *restrict attr,
    void *(*start_rtn)(void *),
    void *restrict arg);
```

当 pthread_create 成功返回时，由 tidp 指向的内存单元被设置为新创建线程的线程 ID。attr 参数用于定制不同的线程属性，暂可以把它设置为 NULL，以创建默认属性的线程。

新创建的线程从 start_rtn 函数的地址开始运行，该函数只有一个无类型指针（void *）参数 arg。如果需要向 start_rtn 函数传递的参数不止一个，那么需要把这些参数放到一个结构中，然后把这个结构的地址作为 arg 参数传入。

简单的线程创建过程的代码通常如下所示。

```
void *mythread(void *arg)          /* 线程函数 */
{
    printf("hello thread.\n");      /* 打印一行信息 */
    pthread_exit(0);                /* 结束线程 */
}
...
/* 在main函数中 */
pthread_t tid;    /* 声明tid变量，用于保存创建线程的ID */
/* 创建线程如果返回0，则表示创建成功 */
int err = pthread_create(&tid, NULL, mythread, NULL);
```

对于多线程程序而言，往往需要对这些多线程进行同步。同步的概念是指在一定的时间内只允许某一个线程访问某个资源（如线程中要用到的全局变量或数组）。而在此时间内，不允许其他的线程访问该资源。多线程程序中可以通过互斥锁（Mutex）或条件变量（Condition Variable）来同步资源。

互斥量从本质上来说是一把锁，在访问共享资源前对互斥量进行加锁，在访问完成后释放互斥量上的锁。对互斥量进行加锁后，任何其他试图再次对互斥量加锁的线程将会被阻塞直到当前线程释放该互斥锁。如果释放互斥锁时有多个线程阻塞，则所有在该互斥锁上的阻塞线程都会变成可运行状态，第一个变为可运行状态的线程可以对互斥量加锁，其他线程将会看到互斥锁依然被锁住，只能回去等待它重新变为可用。在这种方式下，每次只有一个线程可以向前运行。

互斥变量用 pthread_mutex_t 数据类型表示。在使用互斥变量前必须对它进行初始化，可以把它设置为常量 PTHREAD_MUTEX_INITIALIZER（只对静态分配的互斥量），也可以通过调用 pthread_mutex_init 函数进行初始化。如果动态地分配互斥量（如调用 malloc 函数），那么在释放内存前需要调用 pthread_mutex_destroy。

在设计时需要规定所有的线程必须遵守相同的数据访问规则。只有这样，互斥机制才能正常工作。如果允许其中的某个线程在没有得到锁的情况下也可以访问共享资源，那么即使其他的线程在使用共享资源前都获取了锁，也会出现数据不一致的问题。

7.2　预习准备

7.2.1　预习要求

（1）了解串口通信概念。

（2）了解 Windows 虚拟串口和串口调试工具软件。

（3）了解线程概念。

7.2.2　实践目标

（1）熟悉 Linux 下的串口应用开发。

（2）了解 Linux 多线程应用程序结构及设计方法。

（3）熟悉 Linux 下的串口程序调试方法。

7.2.3　准备材料

（1）Windows 虚拟串口软件 VSPD（Virtual Serial Port Driver），该软件由软件公司 Eltima 开发。VSPD 可以为 Windows 系统一次虚拟出两个互相对接的串口，一个发出数据，另一个就能读到数据，用于调试串口程序非常方便。软件免费版本可用 30 天，下载地址为 http://www.eltima.com/download/vspd.exe。

（2）Windows 端串口调试助手 sscom，sscom 是一款 Windows 平台较为常见的串口调试助手软件，程序运行稳定，功能较全。软件免费使用，下载地址为 http://www.daxia.com/sscom/。

7.3　实践内容和步骤

7.3.1　串口通信实践

在 Code::Blocks 中新建一个 serial_test 工程，根据 7.1 节中介绍的 Linux 串口通信方法和示例代码，设计一个简单的串口通信程序，能够在终端中打印输出从串口接收到的字符数据，还能将接收到的数据从串口回送出去。简单示例代码如程序 7.1 所示。

程序 7.1　serial_test 程序示例代码

```
#include <stdio.h>
#include <stdlib.h>
#include <string.h>
#include <errno.h>
#include <fcntl.h>
#include <unistd.h>
#include <termios.h>
#include <sys/stat.h>
#include <sys/types.h>
int open_port(int comport) { // 打开串口设备
    char str[20];
    int fd = -1;
    if (comport > 0) {
        sprintf(str, "/dev/ttyS%d", comport - 1);
        fd = open(str, O_RDWR | O_NOCTTY | O_NDELAY);
        if (-1 == fd) {
            perror("Can't Open Serial Port");
            return(-1);
        }
    }
    else
        printf("串口号必须大于0!\n");
    return fd;
}
// 配置串口参数，9600bps，无奇偶校验，8位数据位，1位停止位
int set_opt(int fd) {
    struct termios options;
    if (tcgetattr(fd, &options) != 0) {
        perror("get com set error");
        return -1;
    }
    cfsetispeed(&options, B9600);
    cfsetospeed(&options, B9600);
    options.c_cflag |= (CLOCAL | CREAD);
```

```
        options.c_cflag &= ~PARENB;
        options.c_cflag &= ~CSTOPB;
        options.c_cflag &= ~CSIZE;
        options.c_cflag |= CS8;
        // 设置串口且立即生效
        if (tcsetattr(fd, TCSANOW, &options) != 0) {
            perror("com set error");
            return -1;
        }
        return 0;
    }
    int main(int argc, char** argv) {
    #define BUF_LEN 512
        char buff[BUF_LEN] = "";
        int fd, comm_num, nread, run = 1;
        if (argc < 2) {
            printf("程序启动时必须带参数指定串口号! \n");
            return -1;
        }
        comm_num = atoi(argv[1]);       // 将程序参数字符串转换为整数
        if((fd = open_port(comm_num)) < 0)
            return -1;
        if (set_opt(fd) < 0)
            return -1;
        printf("Open COM%d ok!\n", comm_num);
        while (run) {
            while((nread = read(fd, buff, BUF_LEN)) > 0) {
                printf("nread = %d, %s\n", nread, buff);
                write(fd, buff, strlen(buff));    // 回送接收数据
                if (strcmp(buff, "exit") == 0)
                    run = 0;
                memset(buff, 0, BUF_LEN);
            }
        }
        close(fd);
        return 0;
    }
```

编译成功 serial_test 工程后，开始准备测试串口程序。回到 Windows 主机中，下载 VSPD 安装包后，双击安装包进行安装，按默认安装即可，如果提示需要确认安装虚拟串口驱动，则应选择确认安装。

软件安装成功后，启动 VSPD 软件，如果提示试用版信息，单击继续试用按钮即可进入软件主界面，如图 7.2 所示。

在 VSPD 软件界面中，如果还没有添加虚拟串口，则应单击右侧的"Add pair"按钮，添加一对互相连通的虚拟串口，如图 7.2 中所示的 COM1 和 COM2，电脑硬件不同，虚拟串口

不一定相同。所谓互相连通，指的是 COM1 发出的数据，COM2 能收到，反之，COM2 发出的数据，COM1 也能收到。打开 Windows 系统的设备管理器，如图 7.3 所示，查看系统中是否已经有这两个虚拟串口，如果没有，尝试重启系统再进行查看。

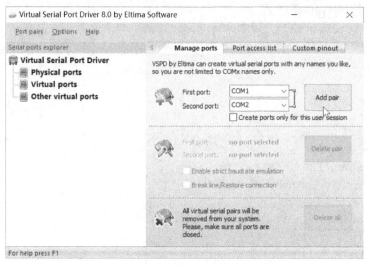

图 7.2　VSPD 软件主界面

图 7.3　已经添加的一对虚拟串口

使用 Windows 系统下的串口调试助手对这两个虚拟串口进行测试。如图 7.4 所示，打开两个 sscom 软件窗口，左边打开 COM1 串口，右边打开 COM2 串口，互相发送数据测试一下添加的虚拟串口。

现在，准备进行虚拟机串口设置。先将之前已经打开的串口调试助手关闭，同时关闭 Linux 虚拟机。在 VMware 主界面中，右击要设置的虚拟机，选择"设置"选项。在弹出的虚拟机设置对话框中，单击下方的"添加"按钮。如图 7.5 所示，在弹出的添加硬件向导对话框中，选择"串行端口",单击"下一步"按钮。

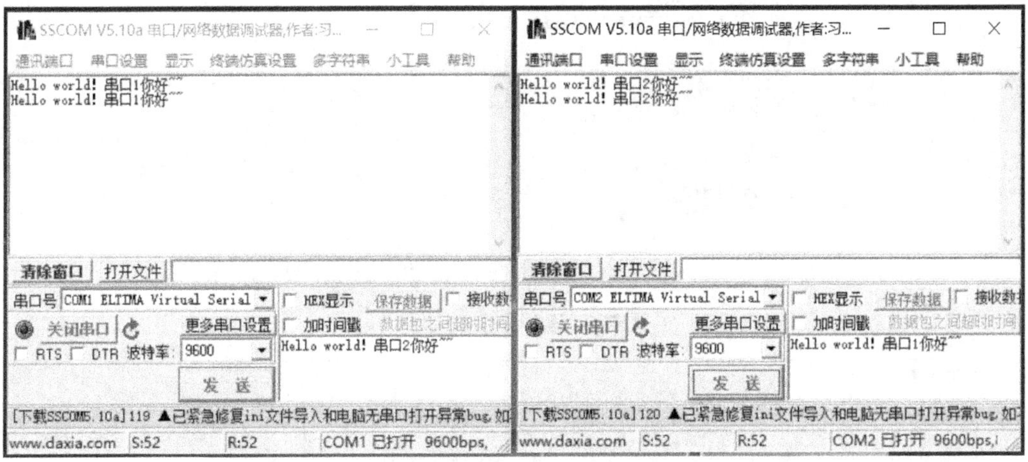

图 7.4　使用串口调试助手测试虚拟机串口

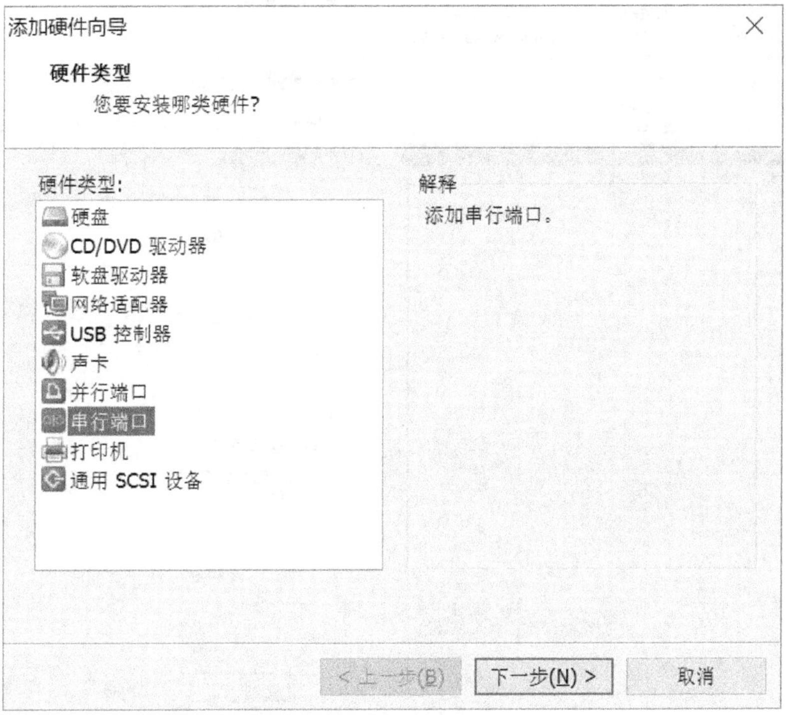

图 7.5　选择硬件类型

选择串行端口类型,这里选择"使用主机上的物理串行端口",单击"下一步"按钮。

选择串行端口,如图 7.6 所示,选择两个虚拟串口中的一个(图中为 COM2),确认启动时连接,最后单击"完成"按钮。

添加串口完成后,如图 7.7 所示,在虚拟机设置的"硬件"选项卡中,已经添加了一个串口,并且这个串口被配置为 Linux 虚拟机中的串行端口 2,即设备/dev/ttyS1。最后,单击"确定"按钮完成虚拟机的设置。

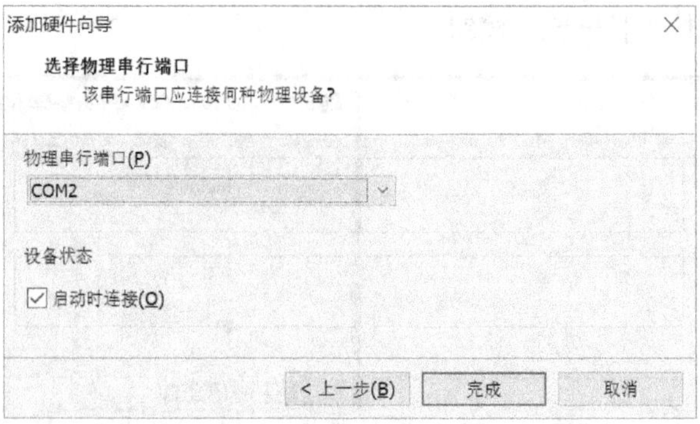

图 7.6　选择 COM2 串口

图 7.7　添加虚拟机串口 2

　　添加好虚拟机的串口后，可以先用 Linux 下的串口调试工具和 Windows 下的串口调试助手测试一下。图 7.8 所示为一个基于 Qt 图形库的 Linux 串口调试工具 serialtool，该工具来源于网络，测试通信时也可以用其他类似的调试工具替代。

　　要注意的是，因为 serialtool 等图形调试工具大都是基于 Qt 图形库设计的，因此如果 Linux 系统中没有运行 Qt 程序所需的库文件支持，那么需要先安装相应的 Qt 运行库。在虚拟机联网情况下，先打开一个终端窗口，输入如下命令安装 Qt4 运行库：

```
sudo apt-get -f install libqt4-dev
```

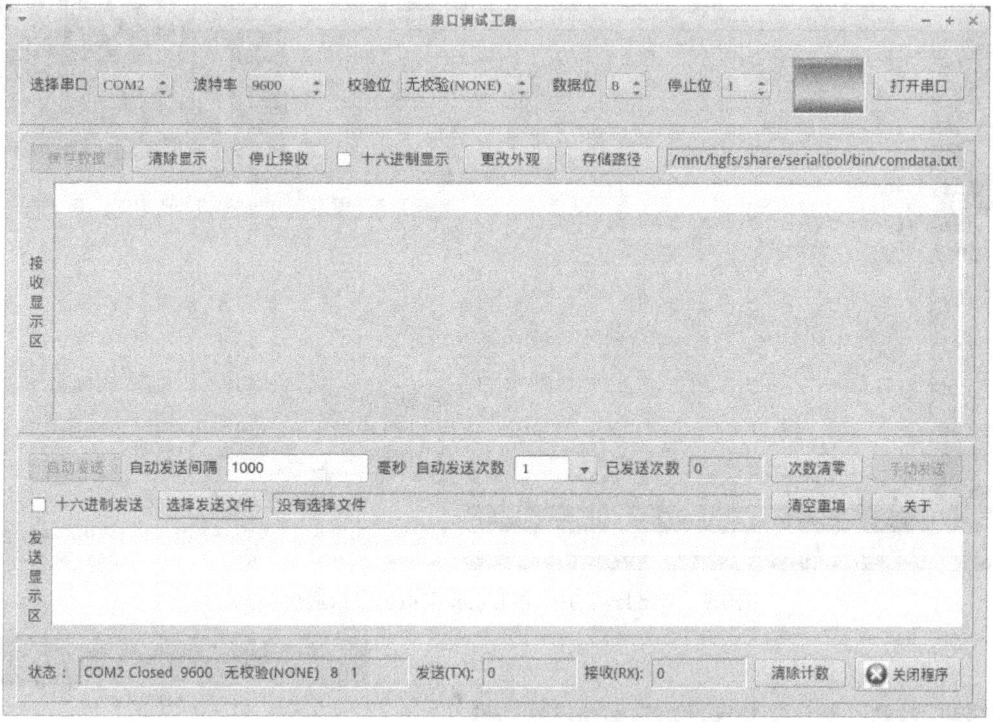

图 7.8　Linux 串口调试工具——serialtool

如果安装 libqt4-dev 时报出下载软件信息失败，则要先输入如下命令更新软件库信息：

```
sudo apt-get update
```

在 Linux 虚拟机中运行 serialtool 后，选择串口 COM2，其他设置保持不变，单击"打开串口"按钮，应该能看到绿色指示灯，表示成功打开串口。如果指示灯显示红色，则原因很可能是程序没有串口操作权限，拒绝访问，解决方法参见 7.1.3 小节。

在 Windows 主机中启动 sscom 串口调试助手，选择串口 COM1，默认通信参数为 9600bps，无校验位，数据位 8 位，停止位 1 位。打开串口后，Windows 主机即可和 Linux 虚拟机进行双向串口通信。测试结果如图 7.9 所示。

如果是纯粹的 Linux 主机，则可以用 Python 脚本编写一对相互连接的虚拟串口，然后直接在 Linux 中进行串口调试，此处不再详述。

串口通信测试成功后，即可调试程序串口程序。如图 7.9 所示，Windows 主机中还是用一个串口调试助手打开串口 COM1，然后在 Linux 虚拟机中把 serialtool 等串口调试工具关闭，打开一个终端窗口，切换到 serial_test 编译的程序路径下。输入以下命令，启动 serial_test 程序并打开串口 COM2：

```
./serial_test 2
```

在 Windows 主机的串口调试助手中发送数据，调试结果如图 7.10 所示。

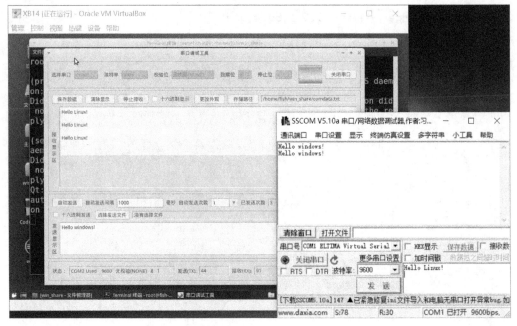

图 7.9　Windows 主机和 Linux 虚拟机串口通信测试

图 7.10　在终端中测试 serial_test 与 Windows 主机串口的通信

如果要在 Code::Blocks 中对 serial_test 程序进行调试，需要先设置程序运行参数。选择 Code::Blocks 程序主界面上中"Project"菜单栏中的"Set programs' arguments…"选项，弹出如图 7.11 所示的对话框，在下方的"Program arguments"文本框中填入数字 2，单击"确定"按钮。设置好运行参数后，在 Code::Blocks 中每次运行或调试程序时都将是带参数的运行了。

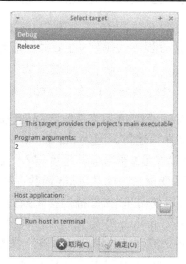

图 7.11　设置程序运行参数

7.3.2　Linux 线程应用实践

在 Code::Blocks 中新建一个 thread_test 工程，先将 serial_test 示例程序的代码复制到 main.c 中，然后在此基础上修改并添加多线程代码。在 main.c 文件开头的 include 代码下方，open_port 函数之前，添加以下线程函数代码：

```c
#include <pthread.h>
void* serial_lsd(void *d) {  // 线程函数，串口输出流水灯
int i = 0;
int tfd = *(int *)d;
    if (tfd > 0) {
        while (1) {
            char buf[20], str[] = "oooooooooo";
            if (i < 10)
                str[i] = '*';
            else
                str[19 - i] = '*';
            ++i;   i %= 20;
            sprintf(buf, "%s\r\n", str);
            write(tfd, buf, strlen(buf));
            usleep(100000); // 延时100ms
        }
    }
    return 0;
}
```

该线程函数通过串口输出由'o'和'*'两种字符组成的一行行流水灯字符串。线程函数的参数 d 是 main 函数中传入的串口文件描述符地址，在线程函数中声明了一个 int 类型变量 tfd 将该地址所存数值取出，以便在线程函数中操作串口。线程函数中的 while 循环是一个死循环，不停输出流水灯字符串，只有当 main 中收到 exit 字符串程序结束或强制关闭程序时，线程函数

才会关闭。

在 main 函数中，添加以下两行程序代码到 while 循环语句之前：

```
pthread_t id;
pthread_create(&id, NULL, serial_lsd, &fd);
```

在上述 pthread_create 代码中，变量 id 用来接收线程创建成功后的线程号，serial_lsd 为线程函数名称，fd 为串口设备的文件描述符。因为 pthread_create 函数要求第四个参数的类型为 void *类型，因此 fd 文件描述符只能用&符号取其地址传入。当然，如果不传入 fd 文件描述符给线程函数，则可以简单地将 fd 变量的声明从 main 函数中移出，将 fd 定义为 main.c 中的全局变量，这样在线程函数中也可以使用 fd 文件描述符来操作串口。同理，线程函数中的流水灯也可以由全局变量来控制，如在 main.c 中定义一个全局变量 stop，将线程函数中 while(1) 循环内的代码加上条件 stop 控制来流水灯的启动、暂停，修改的线程函数代码如下：

```
int stop = 0;
void* serial_lsd(void *d) {  // 线程函数，串口输出流水灯
int i = 0;
int tfd = *(int *)d;
    if (tfd > 0) {
        while (1) {
            if (!stop) {
                char buf[20], str[] = "oooooooooo";
                if (i < 10)
                    str[i] = '*';
                else
                    str[19 - i] = '*';
                ++i;    i %= 20;
              sprintf(buf, "%s\r\n", str);
               write(tfd, buf, strlen(buf));
            }
            usleep(100000); // 延时100ms
        }
    }
    return 0;
}
```

同时，在 main 的 while 循环中，添加以下几行代码到回送数据的 write 语句代码之前：

```
if (buff[0] == 's')
    stop = !stop;
printf("%s\n", stop ? "stop lsd" : "start lsd");
```

这样在串口接收到字母 s 时，就会对 stop 变量的值进行逻辑取反，由此来控制流水灯的启动和暂停。

编译程序之前，还需要设置编译链接的 pthread 引用库。在 Code::Blocks 主界面中选择"Project"菜单栏中的"Build Options"选项，如图 7.12 所示，选择"Linker settings"选项卡，单击下方的"Add"按钮，填入"pthread"名称，单击"确定"按钮进行保存。

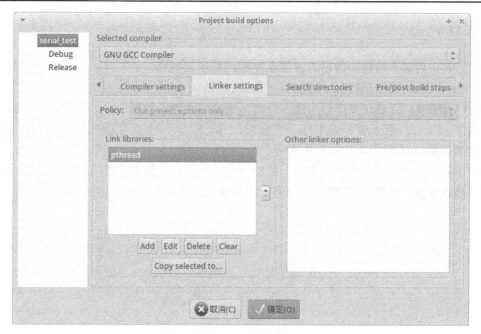

图 7.12　添加库

程序编译成功后，在 Code::Blocks 中同样要设置 thread_test 工程的运行参数，程序运行结果如图 7.13 所示，动态结果为 Windows 主机串口调试助手不停地收到波浪形流水灯字符串。

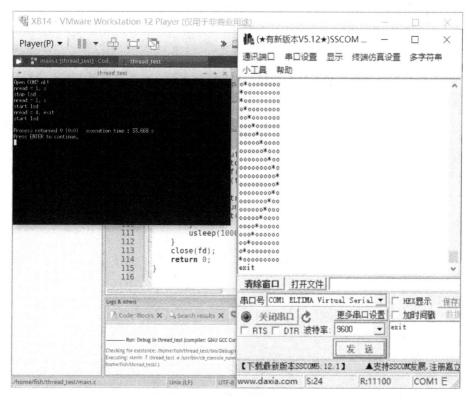

图 7.13　线程程序

7.4 实践练习

7-1 完成并测试本章给出的串口通信示例和线程示例程序。

7-2 在串口示例程序基础上，添加以下功能。

Linux 程序端，可以在串口输出流水灯时，支持键盘输入控制命令，字符串"start"表示启动流水灯，"stop"表示暂停流水灯；字母'A'、'B'、'C'分别选择不同的流水灯样式，还可以串口接收 Windows 主机下发出的控制命令。

设计思路：在串口通信示例基础上，添加两个线程，一个负责输出串口流水灯，一个负责串口数据接收处理，main 函数循环处理用户终端输入的控制命令。

第 8 章

进程管理及进程间通信

8.1 背景知识

8.1.1 Linux 进程基本概念

在操作系统中引入进程的目的是使多个程序并发执行,以改善资源利用率及提高系统吞吐量。对操作系统而言,程序是一个普通文件,是一系列的指令序列与数据的集合,指令与数据以"可执行映像"的格式保存在磁盘中,而进程是一个正在执行还未终止的程序实例。

进程是操作系统的概念,每当执行一个程序时,对于操作系统来讲就是创建了一个进程,在这个过程中,伴随着资源的分配和释放。可以认为进程是一个程序的一次执行过程。

进程与程序的区别:程序是静态的,它是一些保存在磁盘上的指令的有序集合,没有任何执行的概念;进程是一个动态的概念,它是程序执行的过程,包括创建、调度和消亡。当一个可执行文件被装入内存时,一个程序才称为进程。虽然多个进程可以与同一程序相关,但是它们被当作多个独立的执行序列,都是独立的进程,虽然文本段相同,但是数据段、堆、堆栈段都不同。

在命令行终端下输入命令运行程序时,就包含了程序到进程转换的过程,整个过程可分为以下 3 步。

(1)系统查找输入命令中对应的程序文件所在位置。

(2)系统使用 fork 函数创建一个进程。

(3)在新进程中调用 exec 族函数装载程序文件,从程序文件的 main 函数开始执行。

进程标识符(PID)和进程状态是管理进程时的常用信息。进程标识符也称为进程号,类似于人的身份证号码,进程号也是唯一标示进程的 ID。进程运行时,其自身的状态会根据具体情况发生变化,而进程状态是系统调度和状态转换的依据。

Linux 中的进程状态可以划分成 5 种(前 3 种为基本状态),状态之间的转换如图 8.1 所示。

运行态:该进程正在运行,即进程正在占用 CPU。

就绪态:进程已经具备执行的一切条件,正在等待分配 CPU 的处理时间片。

等待态：进程正在等待某个事件或某个资源。等待态又分为可中断等待和不可中断等待两种。可中断的等待进程可被信号中断，而不可中断的等待进程不能被信号中断。

停止状态：当进程收到一个 SIGSTOP 信号后，便由运行态进入停止状态，当收到 SIGCONT 信号时又会恢复为运行态，该状态主要用于调试。

僵死状态（终止状态）：进程已终止，但其进程控制信息仍在内存中。顾名思义，处于这种状态的进程实际上是死进程。

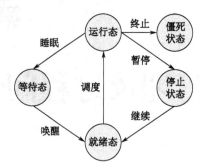

图 8.1　进程状态转换关系

8.1.2　Linux 进程管理

Linux 进程的大部分信息都可以通过执行 ps aux 命令得到。图 8.2 中的 PID 列为进程 ID，STAT 列为该进程的状态，COMMAND 列为进程对应的程序名。

```
                                    Terminal 终端 -fish@fish-HDU: ~                        - + X
文件(F) 编辑(E) 视图(V) 终端(T) 标签(A) 帮助(H)
fish@fish-HDU:~$ ps aux
USER       PID %CPU %MEM    VSZ   RSS TTY      STAT START   TIME COMMAND
root         1  4.9  0.0   4548  3708 ?        Ss   23:01   0:01 /sbin/init
root         2  0.0  0.0      0     0 ?        S    23:01   0:00 [kthreadd]
root         3  0.1  0.0      0     0 ?        S    23:01   0:00 [ksoftirqd/0]
root         4  0.0  0.0      0     0 ?        S    23:01   0:00 [kworker/0:0]
root         5  0.0  0.0      0     0 ?        S<   23:01   0:00 [kworker/0:0H]
root         6  0.0  0.0      0     0 ?        S    23:01   0:00 [kworker/u16:0]
root         7  1.5  0.0      0     0 ?        S    23:01   0:00 [rcu_sched]
root         8  0.0  0.0      0     0 ?        S    23:01   0:00 [rcu_bh]
root         9  0.0  0.0      0     0 ?        S    23:01   0:00 [migration/0]
root        10  0.0  0.0      0     0 ?        S    23:01   0:00 [watchdog/0]
root        11  0.0  0.0      0     0 ?        S    23:01   0:00 [watchdog/1]
root        12  1.3  0.0      0     0 ?        S    23:01   0:00 [migration/1]
root        13  0.0  0.0      0     0 ?        S    23:01   0:00 [ksoftirqd/1]
root        14  0.0  0.0      0     0 ?        S    23:01   0:00 [kworker/1:0]
root        15  0.0  0.0      0     0 ?        S<   23:01   0:00 [kworker/1:0H]
root        16  0.0  0.0      0     0 ?        S<   23:01   0:00 [khelper]
root        17  0.0  0.0      0     0 ?        S    23:01   0:00 [kdevtmpfs]
root        18  0.0  0.0      0     0 ?        S<   23:01   0:00 [netns]
```

图 8.2　进程列表

STAT 列表示的进程状态至少含有一个主状态字母（R、S、D、T、Z、X），有的还有附加字符，具体含义如表 8.1 所示。

表 8.1　ps 命令中进程列表的字母含义

字　　母	含　　义	字　　母	含　　义
D	不可中断（不可中断等待态）	R	运行（运行态或就绪态）
S	睡眠（可中断等待态）	T	终止（挂起，停止状态）

续表

字　　母	含　　义	字　　母	含　　义
Z	僵死（僵死状态）	N	低优先级进程
X	退出状态，进程即将被销毁	<	高优先级进程
s	进程领导者（下有子进程）	L	内存锁页
l	多进程的	+	位于后台的进程组

如果要判断某个程序是否已经启动，可以用 ps 命令结合 grep 命令查询，或者用 pidof 命令查找该程序对应进程的 PID。例如，系统中已经运行了一个 VI 程序，要查找该程序的 PID，可以在终端中输入如下命令：

```
ps -eo pid,cmd | grep VI -w | grep -v grep | awk '{print $1}'
```

或者

```
pidof VI
```

关于进程的前后调度，首先要明确前台进程和后台进程的概念。

前台进程：在终端中输入命令后，创建一个子进程，运行命令，Shell 等待命令退出，此时命令即在前台运行，用户在它完成之前不能执行其他命令。

后台进程：在终端中输入命令时，若后随一个&符号，则 Shell 创建子进程运行此命令，但不等待命令退出，而直接对用户给出提示。这条命令与 Shell 同步运行，即在后台运行。要注意的是，后台进程通常是非交互式的，不需要用户操作的进程。

进程调度的相关命令如表 8.2 所示，通常而言，如果在终端下执行某个程序时发现当前（前台）运行的程序耗时太长，则可以先将其放到后台挂起（Ctrl + Z 暂停），再用 bg 命令使其在后台继续运行，这样就可以在前台执行其他命令了。或者一开始运行某个程序时就在命令后加&符号（&前要用空格分隔开）直接放到后台运行。图 8.3 演示了终端中进程的前后台切换。终端一开始用 python 命令在本地启动了一个简单的 HTTP 服务，用户可以在浏览器中访问地址 localhost:8000，可以看到一个文件夹结构树的简单网页，当终端用命令 Ctrl + Z 将其挂起后，浏览器中访问的该网页就不可操作了，终端用命令 bg 继续执行进程，浏览器又可以继续操作该网页了。

表 8.2　进程调度命令

命　　令	功　　能
&	&字符，用在一个命令的最后，把命令调用的程序放到后台执行
Ctrl + Z	该组合键将一个正在前台运行的进程放到后台暂停
jobs	查看当前有多少在后台运行的进程
fg	将后台中的进程调至前台继续运行。如果后台中有多个命令，则可以用 fg %jobnumber 将选中的命令调出，%jobnumber 是通过 jobs 命令查到的后台正在执行的命令的序号（不是 PID）
bg	使一个在后台暂停的进程继续执行。如果后台中有多个命令，则可以用 bg %jobnumber 将选中的命令调出，%jobnumber 是通过 jobs 命令查到的后台正在执行的命令的序号（不是 PID）

关于进程的终止，可分为正常结束和异常终止两大类。进程的正常结束通常指的是从 main 函数的 return 返回，或者调用类 exit 函数。进程的异常终止方式有在程序中调用 abort 函数，或者接收到一个信号终止。通常，在以下几种情况下需要手动终止进程。

（1）该进程使用了过多的 CPU 时间。

（2）该进程锁住了一个终端，使其他前台进程无法运行。

（3）运行时间过长，但没有预期效果。

（4）产生了过多到屏幕或磁盘文件的输出。

（5）无法正常退出。

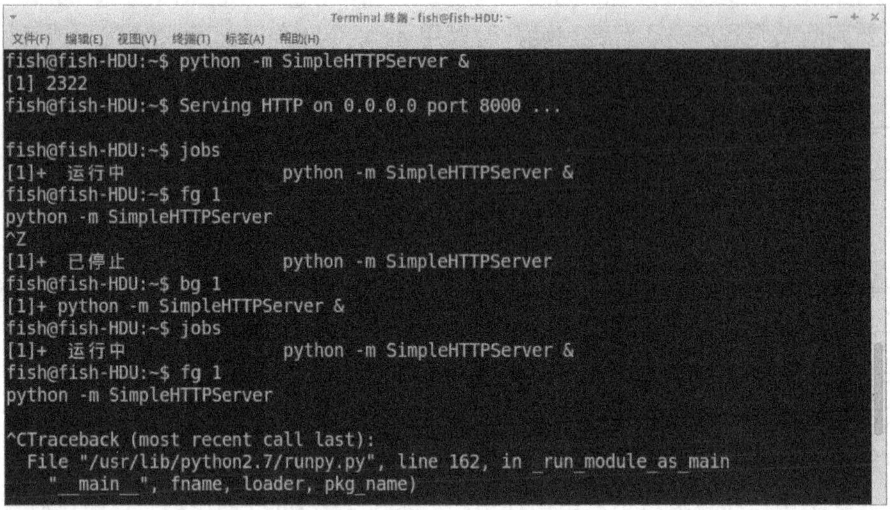

图 8.3　进程前后台切换演示

对于前台进程，通常在终端中直接用 Ctrl + C 组合键强制结束程序运行，也可以在其他终端下使用 kill 或 pkill 命令终止进程，其用法如下：

```
kill 进程号
```

或者

```
kill [参数] 进程号
```

或者

```
pkill 程序名
```

或者

```
pkill [参数] 程序名
```

kill 不带参数时默认对进程号指定的进程发送 SIGTERM（15）信号来终止进程。如果需要强制关闭某个进程，则可以加-9 参数强制关闭。pkill 首先查找指定程序名对应的进程号，然后根据进程号发送信号来终止进程。如果 pkill 查找程序名有多个结果，则会向所有找到的进程发送终止信号，这一点要特别注意。

8.1.3　子进程的创建

Linux 系统的 fork 函数是一个子进程创建函数，其通过系统调用可以创建一个与原来进程几乎完全相同的进程，即两个进程可以做完全相同的事，但如果初始参数或者传入的变量不同，则两个进程也可以做不同的事。fork 函数的原型如下：

```
#include <unistd.h>
pid_t fork(void);
```

　　一个进程包括代码、数据和分配给进程的资源。在进程中调用 fork 函数后，系统先给新的进程分配资源，如存储数据和代码的空间，再把原来的进程的所有值都复制到新的进程中，只有少数值与原来的进程的值不同，相当于克隆了一个进程。

　　进程中调用 fork 函数创建子进程后，fork 返回的进程 ID 保存在父进程中，子进程可以通过 getpid 函数来获取自己的 PID。子进程共享父进程代码，但是不共享数据空间。当 fork 函数完成之后，父进程与子进程都继续向后执行。程序 8.1 是一个 fork 函数创建子进程的示例，该示例程序执行结果如图 8.4 所示。

　　注意：进程创建后，父子进程开始并发执行，其执行的先后顺序由操作系统的内核调度算法决定，因此图 8.4 中的结果也可能是子进程先打印输出。

　　程序 8.1　fork 子进程示例

```
#include <unistd.h>
#include <sys/types.h>
#include <stdio.h>
int main () {
    int count = 0;
    pid_t fpid = fork(); // fpid表示fork函数返回的值
    if (fpid < 0)  printf("error in fork!");
    else if (fpid == 0) { count++;
        printf("child process, pid is %d\n",getpid()); }
    else { count++;
        printf("parent process, pid is %d\n",getpid()); }
    printf("count = %d\n",count);
    return 0;
}
```

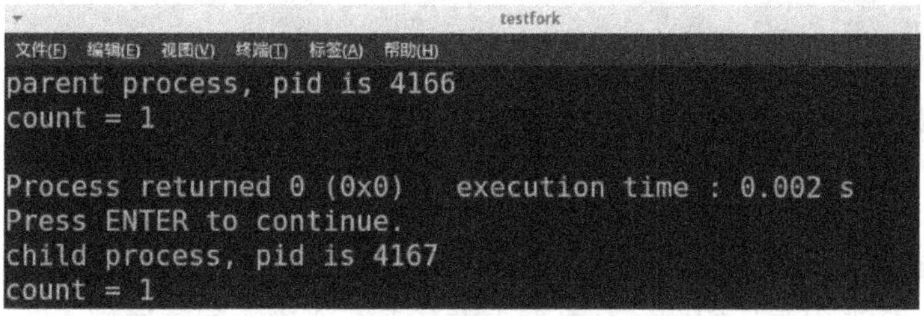

图 8.4　fork 子进程示例结果

　　除了自行编写子进程功能代码之外，还可以用 system 函数生成一个子进程来执行一个 Shell 命令，即运行外部程序。system 函数的原型如下：

```
int system(const char * string);
```

　　system 函数中会调用 fork 函数产生子进程，由子进程来调用/bin/sh -c string 来执行参数 string 字符串所代表的命令，此命令执行完后随即返回原调用的进程。在调用 system 函数期间，

SIGCHLD 信号会被暂时搁置，SIGINT 和 SIGQUIT 信号则会被忽略。

　　通常，system 函数在程序中仅用于执行一些简单的外部命令，而且在编写具有 SUID 或者 SGID 特殊权限的程序时要慎重使用 system 函数，因为 system 函数会继承环境变量，通过环境变量可能会造成系统安全问题。

　　在程序中执行外部程序还可以使用 vfork 和 exec 两个函数。vfork 和 fork 函数类似，但是 vfork 保证子进程先运行，直到子进程中调用 exec 函数族或 exit 函数之后，父进程才可能被调度并运行。exec 函数族包含 execl、execv、execlp、execvp 等函数，这几个函数并不会创建进程，但是会把装载的程序代码覆盖到当前进程，因此 exec 函数族通常配合 fork 或 vfork 函数使用。execl 和 execv 两个函数的差别在于参数列表不同，如下为这两个函数的原型：

```
#include <unistd.h>
int execl(const char *path, const char *arg, …);
int execv(const char *file, char * const argv[]);
```

程序 8.2 演示了 vfork 与 execv 或者 execl 配合使用运行 ls 程序的功能。

程序 8.2　vfork 与 execv 执行外部程序

```
#include <unistd.h>
#include <stdio.h>
int main() {
    char* argv[] = {"ls", "-l", "/etc/profile", (char *)0};
    if(vfork() == 0) {
        printf("This is child process\n");
        execv("/bin/ls", argv);
    }
    else {
        printf("This is the parent process\n");
        execl("/bin/ls", "ls", "-l", "/etc/group", (char *)0);
    }
    return 0;
}
```

8.1.4　进程间通信

1. 管道

　　管道是进程间通信中最古老的方式，它包括无名管道和有名管道两种，前者用于父进程和子进程间的通信，后者用于运行同一台机器上的任意两个进程间的通信。

　　无名管道由 pipe 函数创建，其函数原型如下：

```
#include <unistd.h>
int pipe(int filedis[2]);
```

　　参数 filedis 返回两个文件描述符：filedes[0]为读而打开，filedes[1]为写而打开，filedes[1]的输出是 filedes[0]的输入。程序 8.3 是一个简单的父子进程间无名管道通信的示例。

程序 8.3　无名管道通信示例

```
#include <stdio.h>
#include <stdlib.h>
#include <unistd.h>
#include <string.h>
int main(void) {
    int fd[2];
    pid_t pid;
    char line[128], str[] = "Hello pipe.";
    if(pipe(fd) < 0)                            // 先建立管道并得到一对文件描述符
        exit(0);
    if((pid = fork()) < 0)                      // 父进程把文件描述符复制给子进程
        exit(1);
    else if(pid > 0){                           // 父进程写
        close(fd[0]);                           // 关闭读描述符
        write(fd[1], str, strlen(str) + 1);     // 将str字符串写入管道
    }
    else {                                      // 子进程读
        close(fd[1]);                           // 关闭写端
        if (read(fd[0], line, 128) > 0)         // 从管道读取数据
            printf("%s\n", line);
    }
    waitpid(pid, NULL, 0 );                     // 等待子进程结束
    exit(0);
}
```

有名管道可用两种方式创建：命令行方式 mknod 系统调用和函数 mkfifo。

下面的两种途径都在当前目录下生成了一个名为 myfifo 的有名管道：

```
mkfifo("myfifo","rw");
mknod myfifo
```

生成了有名管道后，可以使用一般的文件 I/O 函数如 open、close、read、write 等来对它进行操作。程序 8.4 是读有名管道的示例程序 fifo_read，该程序一开始会在/tmp 目录下创建一个名为 mypipe 的管道文件，然后打开该管道文件一直读取数据并打印输出，直到接收到 exit 字符串结束程序。

程序 8.4　读有名管道 fifo_read 示例程序

```
/* fifo_read.c */
#include <stdio.h>
#include <stdlib.h>
#include <fcntl.h>
#include <errno.h>
#include <unistd.h>
#include <string.h>
#include <sys/stat.h>
#include <sys/types.h>
#define MYPIPE "/tmp/mypipe"
```

```
#define LEN 128
int main() {
    int infd;
    char buf[LEN];
    if((mkfifo(MYPIPE, O_CREAT | O_RDWR | 0666) < 0) && (errno != EEXIST)) {
        perror("mkfifo");               exit(1);
    }
    infd = open(MYPIPE, O_RDONLY | O_NONBLOCK);  // 非阻塞方式打开, 只读
    if (infd < 0) {
        printf("Error open pipe.\n"); exit(1);
    }
    while(1) {                                   // 一直读
        memset(buf, 0, sizeof(buf));
        if((read(infd, buf, LEN)) > 0 )
            printf("received from pipe: %s\n", buf);
        if (strstr(buf, "exit"))                 // 检测到exit字符串, 跳出循环
            break;
        usleep(1000); //休眠1ms
    }
    close(infd);
    exit(0);
}
```

程序 8.5 是写有名管道的示例程序 fifo_write，该程序一开始会在/tmp 目录下创建名为 mypipe 的管道文件（如果文件存在则略过），然后一直读取用户输入并写入管道文件，当用户输入 exit 字符串时程序结束。

程序 8.5　写有名管道 fifo_write 示例程序

```
/* fifo_write.c */
#include <stdio.h>
#include <stdlib.h>
#include <fcntl.h>
#include <unistd.h>
#include <string.h>
#define MYPIPE "/tmp/mypipe"
#define LEN 128
int main() {
    int outfd;
    char buf[LEN];
    outfd = open(MYPIPE, O_WRONLY | O_NONBLOCK);     // 非阻塞方式打开, 只读
    if (outfd < 0) {
        printf("Error open pipe.\n");
        exit(1);
    }
    while(1) { // 一直读用户输入并写入管道
        memset(buf, 0, sizeof(buf));
        if (fgets(buf, LEN, stdin) != NULL) {        // 读取用户的一行输入
```

```
            write(outfd, buf, strlen(buf));
            if (strstr(buf, "exit"))                // 检测到exit字符串，跳出循环
                break;
        }
    }
    close(outfd);
    return 0;
}
```

注意：测试程序时必须先运行 fifo_read 程序，否则 fifo_write 程序会在打开管道时报错。两个程序的测试结果如图 8.5 所示。

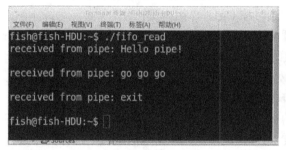 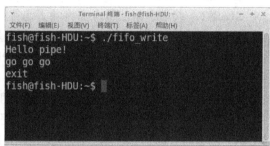

图 8.5 有名管道示例程序测试结果

2. 信号

信号从软件层次上看是对中断机制的一种模拟。一个进程收到信号时的处理方式与 CPU 收到中断请求时的处理方式相似，收到信号的进程会跳入信号处理函数，执行完后再跳回原来的位置继续执行。进程之间可以互相通过系统调用 kill 发送软中断信号，但信号只是用来通知进程发生了什么事件，但不能给进程传递任何数据。以下是 kill 函数的原型：

```
#include <sys/types.h>
#include <signal.h>
int kill(pid_t pid, int sig);
```

kill 函数有两个参数，当 pid 大于 0 时，pid 是目标进程的进程号；当 pid 等于 0 时，信号将送往当前进程同组的所有进程；当 pid 等于-1 时，信号将送往当前进程有权给其发送信号的所有进程，除了进程 1(init)；当 pid 小于-1 时，信号将送往以-pid 为组标识的进程。

sig 是准备发送的信号代码，其值为零时没有任何信号送出，但是系统会执行错误检查，通常可以利用 sig 值为零来检验某个进程是否仍在执行。

进程通过系统调用 signal 来指定进程对某个信号的处理行为。应用程序收到信号后，有三种处理方式：忽略、默认、捕捉。进程收到一个信号后，会检查对该信号的处理机制。如果是 SIG_IGN，就忽略该信号；如果是 SIG_DFT，则会采用系统默认的处理动作，通常是终止进程或忽略该信号；如果给该信号指定了一个处理函数（捕捉），则会中断当前进程正在执行的任务，转而去执行该信号的处理函数，返回后再继续执行被中断的任务。以下是 signal 函数的原型：

```
#include <signal.h>
typedef void (*sighandler_t) (int)
sighandler_t signal(int signum, sighandler_t handler);
```

　　signal 函数是最简单的给进程安装信号处理器的函数，参数 signum 是准备捕捉或屏蔽的信号，参数 handler 是接收到指定信号时将要调用的函数。对于 handler 函数，其函数定义时要注意返回值为 void 类型，函数带一个 int 类型的参数。handler 也可以是下面两个特殊值：

```
SIG_IGN 屏蔽该信号
SIG_DFL 恢复默认行为
```

　　信号的名称在头文件 signal.h 中定义，信号都以 SIG 开头，常用信号有以下几个。

　　SIGINT：终端中断信号，在终端下运行程序时按 Ctrl + C 组合键产生。

　　SIGALRM：闹铃信号，由 alarm 函数设置的定时器产生。

　　SIGTERM：终止信号，它是系统调用 kill 时默认发送的信号。

　　SIGKILL：强制终止信号，不能被阻塞、处理和忽略，用来立即结束程序的运行。

　　SIGUSR1，SIGUSR2：用户定义信号 1 和 2，常用于用户的进程间自定义信号通信。

　　程序 8.6 是一个简单的信号捕获示例程序，该程序每隔 1s 打印一行字符串并在捕获 SIGINT 信号时打印信息，第一次捕获 SIGINT 信号后又恢复为该信号的默认处理行为（终止程序）。

程序 8.6　信号捕获示例

```
#include <signal.h>
#include <stdio.h>
#include <unistd.h>
void ctrlc(int sig) {
    printf("\nCatch signal %d\n", sig);
    signal(SIGINT, SIG_DFL);// 恢复终端Ctrl + C组合键的默认行为
}
int main() {  // 改变终端Ctrl + C组合键的默认行为
    signal(SIGINT, ctrlc);
    while(1) {
        printf("Hello World!\n");
        sleep(1);
    }
    return 0;
}
```

　　对于 SIGALRM 信号相关的定时器，Linux 可以使用 alarm 函数创建一个秒级定时器：

```
#include <unistd.h>
unsigned int alarm(unsigned int seconds);
```

　　alarm 函数专门为 SIGALRM 信号而设，在指定的时间 seconds 秒后，将向进程本身发送 SIGALRM 信号，又称为闹钟时间。进程调用 alarm 后，任何以前的 alarm 调用都将无效。如果参数 seconds 为零，那么进程内将不再包含任何闹钟时间。如果调用 alarm 前，进程中已经

设置了闹钟时间，则返回上一个闹钟时间的剩余时间，否则返回 0。程序 8.7 是一个简单的定时器示例程序。

程序 8.7　alarm 定时器示例

```
#include <stdio.h>
#include <unistd.h>
#include <signal.h>
void sigalrm_fn(int sig) {
    printf("alarm!\n");
    alarm(2); // 重新激活定时器
}
int main(void) { // 每隔2s输出一行信息
    signal(SIGALRM, sigalrm_fn);
    alarm(2); // 开启定时器
    while(1) usleep(1000);
}
```

8.2　预习准备

8.2.1　预习要求

（1）了解进程及进程管理相关概念。
（2）了解 fork 进程函数。
（3）了解进程间通信的概念。

8.2.2　实践目标

（1）熟悉 Linux 系统常见的进程管理命令。
（2）掌握 fork、exec 相关函数使用方法。
（3）熟悉管道和信号这两种常见的进程间通信的方法。

8.3　实践内容和步骤

8.3.1　fork 与进程管理实践

（1）阅读程序 8.8 中的 fork1 程序，然后判断程序输出 pid 的个数，执行期间创建的子进程个数，最后在 Code::Blocks 中建立工程并编译运行验证结果。

程序 8.8　fork1 程序

```
#include <stdio.h>
#include <unistd.h>
int main() {
```

```
printf("current pid %d\n", getpid());
printf("fork pid %d\n", fork());
printf("fork pid %d\n", fork());
return 0;
}
```

（2）阅读程序 8.9 中的 fork2 程序，然后判断程序输出*字符的个数，在 Code::Blocks 中验证结果。

程序 8.9 fork2 程序

```
#include <stdio.h>
#include <unistd.h>
int main() {
    int i;
    for (i = 0; i < 3; ++i)
        printf("*", fork());
    return 0;
}
```

（3）程序 8.10 所示为一个守护进程，应用 8.1 节中介绍的知识内容，给该程序添加唯一运行的功能，即保证该程序不能运行多个实例（若运行一次，则没有退出前无法再运行该程序）。设计思路：启动程序后先根据程序名查找进程，如果有多个结果则退出程序。运行外部命令除了使用 system、fork 与 exec 函数之外，还可以使用 popen 与 pclose 函数。

程序 8.10 fork3 守护进程

```
#include <stdio.h>
#include <stdlib.h>
#include <unistd.h>
int main() {
    pid_t pid;
    char buf[] = "Daemon program running...\n";
    if ((pid = fork()) < 0) {
        printf("fork error!");
        exit(1);
    } else if (pid > 0)    // 调用fork并且退出父进程
        exit(0);
    setsid();                // 在子进程中创建新会话
    while(1) {               // 循环每隔10s写入文件并打印信息
        FILE *fp = fopen("/tmp/daemon.log", "a+");
        if (NULL == fp)
            printf("Open file error!\n");
        else {
            fputs(buf, fp);
            fclose(fp);
        }
        sleep(10);
```

```
            printf("daemon output!\n");
        }
        return 0;
    }
```

8.3.2 进程间通信实践

编译并测试程序 8.4 的 fifo_read 程序和程序 8.5 的 fifo_write 程序，然后根据这两个程序设计如下功能的程序 A 和 B。

程序 B 每隔 100ms 向管道写入一个随机整数（值为 0~100），程序 A 循环读取并打印管道数据，当连续出现 3 个 50 以上的数据时打印提示信息并暂停程序 B，延时 5s 后继续启动程序 B，然后继续读取数据。

设计思路：程序 B 打开管道后，先调用 srand 函数产生随机数种子，然后在 while 循环中调用 rand 函数生成 0~100 的随机数，并将数值转换为字符串写入管道后延时 100ms。程序 A 打开管道后，在 while 循环中读取管道数据，并将读取的每行字符串转换为整数。同时，在程序 A 中，设计一个变量用来统计转换整数超过 50 的次数，当连续超过 50 的整数有 3 个时，查找程序 B 的 PID，然后根据获取的 PID，向程序 B 发送暂停信号（SIGSTP），延时 5s（sleep 函数）后再次向程序 B 发送继续信号（SIGCON），然后继续循环。获取程序 PID 可以参考如下代码，两个程序的运行结果如图 8.6 所示。

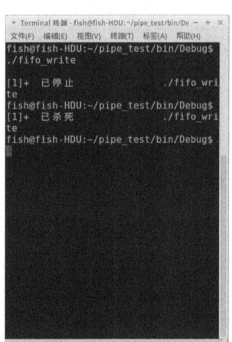

图 8.6 进程间通信程序运行结果

```
pid_t findpid(const char *pname) {
    char buf[1024];   int id = -1;    FILE *pp;
    if (NULL != pname && strlen(pname) > 0) {
```

```
        sprintf(buf, "pidof %s", pname);
        if (pp = popen(buf, "r")) {    // 建立管道
            if (fgets(buf, sizeof(buf), pp) != NULL)  id = atoi(buf);
            pclose(pp);  //关闭管道
        }
    }
    return (pid_t)id;
}
```

8.4　实践练习

8-1　测试并理解本章中的程序 8.8、8.9、8.10。

8-2　根据本章的进程间通信实践内容，完成并测试其要求的程序设计。

8-3　利用 alarm 定时信号，设计一个程序，每隔 5s 生成 10 个随机字符（' '～'z'），当用户看到这 10 个随机字符后，若对照输入正确，则成功次数加 1，错误则次数清零，每次回车输入后显示成功次数。程序功能演示为本书资源文件 testkey。

第9章

Linux 网络通信

9.1 背景知识

9.1.1 网络通信

1. TCP/IP 协议

国际标准化组织对于网络互连提出了一个名为开放式系统互连模型（Open System Interconnection Model）的概念模型，用来定义不同的计算机和网络之间实现互连的标准框架。OSI 模型将计算机网络体系结构划分为七层，每层都提供抽象接口，是一个定义良好的协议规范集。但是 OSI 模型并没有提供一个可以实现的方法，在实际应用中，TCP/IP 协议是互联网事实上的协议标准，它是一系列网络协议的总称，其目的就是使计算机之间可以进行信息交换。

所谓"协议"，可以理解成机器之间交谈的语言，每一种协议都有自己的目的。TCP/IP 模型一共包括几百种协议，对互联网上交换信息的各个方面都做了规定。

常见的 TCP/IP 网络协议栈为四层模型，分为应用层、传输层、网络层和网络接口层。

应用层对应于 OSI 参考模型的应用层和表示层，为用户提供了所需要的各种服务，如 FTP、Telnet、DNS、SMTP 等。

传输层对应于 OSI 参考模型的传输层，为应用层实体提供端到端的通信功能，保证了数据包的顺序传送及数据的完整性。该层定义了两个主要的协议：传输控制协议（TCP）和用户数据报协议（UDP）。

网络层对应于 OSI 参考模型的网络层，主要解决主机到主机的通信问题。它所包含的协议设计数据包在整个网络上的逻辑传输。其重新赋予主机一个 IP 地址来完成对主机的寻址，它还负责数据包在多种网络中的路由。该层有三个主要协议：网际协议（IP）、互联网组管理协议（IGMP）和互联网控制报文协议（ICMP）。

网络接口层负责监视数据在主机和网络之间的交换。事实上，TCP/IP 本身并未定义该层的协议，而由参与互连的各网络使用自己的物理层和数据链路层协议，然后与 TCP/IP 的网络接口层进行连接。地址解析协议（ARP）工作在此层，即 OSI 参考模型的数据链路层。

2．TCP/IP 通信过程

传输层及其以下的机制由内核提供，应用层由用户进程提供（后面将介绍如何使用 Socket API 编写应用程序），应用程序对通信数据的含义进行解释，而传输层及其以下处理通信的细节，将数据从一台计算机通过一定的路径发送到另一台计算机。图 9.1 给出了以太网上的数据通信传输过程。

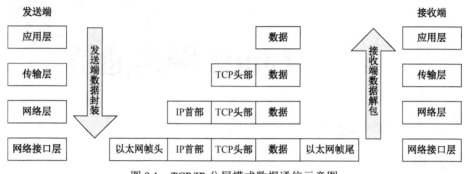

图 9.1　TCP/IP 分层模式数据通信示意图

应用层数据通过协议栈发到网络上时，每层协议都要加上一个数据首部，称为封装。数据在网络接口层封装成帧后发送到传输介质上，到达目的主机后每层协议再剥掉相应的首部，最后将应用层数据交给应用程序处理。

3．IP 地址

IP 地址是指互联网协议地址（Internet Protocol Address）的缩写。IP 地址是 IP 协议提供的一种统一的地址格式，它为互联网上的每一个网络和每一台主机分配一个逻辑地址，以此来屏蔽物理地址的差异。

IPv4（IP 协议的第四版）的 IP 地址长度为 4 字节，通常采用点分十进制表示法，如 0xC0A80002 表示为 192.168.0.2。互联网被各种路由器和网关设备分隔成很多网段，为了标识不同的网段，需要把 32 位的 IP 地址划分成网络号和主机号两部分，网络号相同的各主机位于同一网段，相互间可以直接通信，网络号不同的主机之间通信需要通过路由器转发。根据 CIDR（无类域间路由）划分方案，网络号和主机号的划分需要用一个额外的子网掩码来表示，而不能由 IP 地址本身的数值决定，如表 9.1 所示。

表 9.1　IP 子网掩码作用

	点分十进制表示	十六进制表示
IP 地址：	192.168.135.194	0xC0A887C2
子网掩码：	255.255.255.0	0xFFFFFF00
网络号：	192.168.135.0	0XC0A88700
子网地址范围：	192.168.135.0～192.168.135.255	
子网掩码：	255.255.255.240	0xFFFFFFF0
网络号：	192.168.135.0	0XC0A887C0
子网地址范围：	192.168.135.192～192.168.135.207	

以下几种特殊的 IP 地址要注意。

（1）127.*.*.*的 IP 地址用于本机环回测试，通常是 127.0.0.1。

（2）目的地址为 255.255.255.255，表示本网络内部广播，路由器不转发这样的广播数据包。

（3）主机号全为 0 的地址只表示网络而不能表示某个主机，如 192.168.10.0（假设子网掩码为 255.255.255.0）。

（4）目的地址的主机号为全 1（二进制），表示广播至某个网络的所有主机，如目的地址 192.168.10.255 表示广播至 192.168.10.0 网络（假设子网掩码为 255.255.255.0）。

9.1.2　TCP、UDP 协议

所谓协议就是双方进行数据传输的一种格式，网络传输中使用到的协议有很多，在传输层，TCP 协议和 UDP 协议是最常见的两种传输协议。

（1）TCP 协议：TCP 协议是面向连接、保证高可靠性（数据无丢失、数据无失序、数据无错误、数据无重复到达）的传输层协议。TCP 协议提供可靠的连接服务，连接时通过三次握手进行初始化，三次握手的目的是同步连接双方的序列号和确认号，并交换 TCP 窗口大小信息。图 9.2 演示了 TCP 通信过程的客户端与服务器端过程，从图中可以看到此过程包含三次握手。

第一次握手，建立连接时客户端首先发送连接请求，TCP 序列号设置为 x；客户端进入 SYN_SEND 状态，等待服务器的确认。

第二次握手，服务器收到客户端的连接请求，需要对这个请求进行确认，设置确认号为 x+1（接收到的序列号加 1）；同时，服务器自身还要发送连接请求信息，将发送的数据段中的序列号设置为 y；服务器端将确认信息和连接请求合并（即 ACK + SYN 信息）发送给客户端，此时服务器进入 SYN_RECV 状态。

第三次握手，客户端收到服务器的确认信息和连接请求后，将确认号设置为 y+1，向服务器发送确认信息，这个信息发送完毕以后，客户端和服务器端都进入 ESTABLISHED（连接成功）状态，TCP 三次握手完成。完成了三次握手，客户端和服务器端即可开始传送数据。

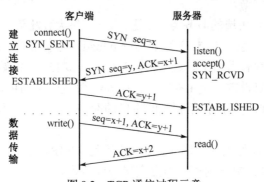

图 9.2　TCP 通信过程示意

根据图 9.1，数据封装经由网络传输时，一帧以太网数据通常由"以太网帧头"+"IP 数据报头"+"TCP 协议头"+"用户数据"+"帧尾（校验码）"组成。如表 9.2 所示的以太网帧格式，表 9.3 为其 IP 数据报头格式，表 9.4 为其 TCP 协议头的内容格式。

　　帧中的源地址和目的地址是指网卡的硬件地址（也称 MAC 地址），长度是 48 位，是在网卡出厂时固化的。在终端中用 ifconfig 命令查看一下，类似"硬件地址 00:0c:29:8d:1b:08"的部分就是 MAC 地址。协议字段有三种值，分别对应 IP、ARP、RARP。帧末尾是 CRC 码。以太网帧中的数据长度规定最小为 46 字节，最大为 1500 字节，ARP 和 RARP 数据包的长度不够 46 字节时，要在后面补填充位。最大值 1500 称为以太网的最大传输单元（Maximum Transmission Unit，MTU），MTU 这个概念指数据帧中有效载荷的最大长度，不包括帧首部的长度。

表 9.2　以太网帧格式

目的地址（6 字节）	源地址（6 字节）	类型（2 字节）	数据（46～1500 字节）	CRC（4 字节）
		类型= 0x0800	IP 数据报（46～1500 字节）	
		类型= 0x0806	ARP 请求/应答（46 字节）	
		类型= 0x0835	RARP 请求/应答（46 字节）	

表 9.3　IP 数据报头

位偏移量				
0　　　　　　　　　　　15 16　　　　　　　　　　　31				
4 位版本	4 位首部长度	8 位服务类型（TOS）	16 位总长度（字节数）	
16 位标识		3 位标志	13 位片偏移	
8 位生存时间（TTL）		8 位协议	16 位首部检验和	20 字节
32 位源 IP 地址				
32 位目的 IP 地址				
选项（如果有）				

　　IP 数据报的首部长度和数据长度都是可变长的，但总是 4 字节的整数倍。对于 IPv4，4 位版本字段的数值是 4。

　　4 位首部长度的数值是以 4 字节为单位的，数值为 5～15，也就是说，首部长度最小是 4 ×5=20 字节，最大是 60 字节。

　　8 位 TOS 字段用于表示可选的服务类型（最小延迟、最大吞吐量、最大可靠性、最小成本）。

　　总长度是整个数据报（包括 IP 首部和 IP 层 payload）的字节数。每传一个 IP 数据报，16 位的标识加 1，可用于分片和重新组装数据报。3 位标志和 13 位片偏移用于分片。

　　TTL：源主机为数据包设定一个生存时间，如 64，每过一个路由器就把该值减 1，如果减到 0，则表示路由已经太长了仍然找不到目的主机的网络，应丢弃该包，因此这个生存时间的单位不是秒，而是跳。

　　协议字段指示上层协议是 TCP、UDP、ICMP 还是 IGMP。

　　校验和只校验 IP 首部，数据的校验由更高层协议负责。

　　最后是 32 位的源 IP 地址和 32 位目的 IP 地址，以及其他选项。

　　端口号：网络实现的是不同主机进程间的通信，在一个操作系统中有很多进程，当数据要提交给进程处理时就需要用到端口号。在 TCP 头中，有源端口号和目的端口号，源端口号标识了发送主机的进程，目的端口号标识接收方主机的进程。

序列号：TCP 序号，即本报文段所发送的数据的第一个字节的序号。

确认号：即希望下次收到对方传送的数据的第一个字节的序号。

数据偏移：指出 TCP 报文段的数据起始处距离 TCP 报文段的距离，实际上就是 TCP 头部长度。TCP 头部长度以 4 字节为单位，因此 TCP 协议头最长可以是 4×15=60 字节，如果没有选项字段，则 TCP 协议头最短有 20 字节。

表 9.4　TCP 协议头

位偏移量										
0				15 16					31	
源端口号					目的端口号					20 字节
序列号										
确认号										
4 位数据偏移	保留（6 位）	TCP 标志位						窗口大小		
		URG	ACK	PSH	RST	SYN	FIN			
校验和					紧急指针					
选项										

保留：预留位，目前统一置为 0。

窗口大小：接收端告知自己的接收能力，即自己接收窗口的大小，发送方将按这个大小发送数据。

校验和：检验的范围包括首部和数据两部分。这是一个强制性的字段，一定是由发端计算和存储，并由收端进行验证的。

紧急指针：当 URG 标志位置 1 时有效。紧急指针是一个正的偏移量，和序列号字段中的值相加表示紧急数据最后一个字节的序号。TCP 的紧急方式指发送端向另一端发送紧急数据的方式。

（2）UDP　即用户数据报协议，可提供面向事务的简单不可靠信息传送服务，在网络中它与 TCP 协议一样用于处理数据包，是一种无连接的协议。UDP 协议头的格式如表 9.5 所示。

表 9.5　UDP 协议头

位偏移量		
0	15 16	31
源端口号	目的端口号	
UDP 数据报长度	校验和	8 字节

UDP 数据报的长度是指包括报头和数据部分在内的总字节数。因为报头的长度是固定的，所以该域主要被用来计算可变长度的数据部分。理论上数据报的最大长度为 65535 字节，但一些实际应用往往会限制数据报的大小，有时会降低到 8192 字节。

UDP 协议不面向连接，也不保证传输的可靠性，例如，发送端的 UDP 协议层只要把应用层传来的数据封装成段交给 IP 协议层即可，如果因为网络故障该段无法发送给对方，UDP 协议层也不会给应用层返回任何错误信息。接收端的 UDP 协议层只要把收到的数据根据端口号交给相应的应用程序即可，如果发送端发来多个数据包并且在网络上经过不同的路由，则到达接收端时顺序已经错乱了，UDP 协议层不保证按发送时的顺序交给应用层。通常，接收端的 UDP 协议层将收到的数据放在一个固定大小的缓冲区中等待应用程序来提取和处理，如果应用程序提取和处理的速度很慢，而发送端发送的速度很快，就会丢失数据包，UDP 协议层并不报告这种错误。

因此，使用 UDP 协议的应用程序必须考虑到这些可能的问题并实现适当的解决方案，如等待应答、超时重发、为数据包编号、流量控制等。一般使用协议的应用程序实现比较简单，其只发送一些对可靠性要求不高的消息，而不发送大量的数据。

9.1.3　Linux 网络编程基础

1．套接字

套接字是一种通信机制，凭借这种机制，客户机/服务器系统的开发工作既可以在本地单机上进行，又可以跨网络进行。常见的 Socket 有以下 3 种类型。

流式套接字（SOCK_STREAM）：提供可靠的、面向连接的通信流，它使用 TCP 协议，从而保证了数据传输的可靠性和顺序性。

数据报套接字（SOCK_DGRAM）：定义了一种无连接的服务，数据通过相互独立的报文进行传输，是无序的，并且不保证是可靠、无差错的，它使用 UDP。

原始套接字（SOCK_RAW）：允许对底层协议如 IP 或 ICMP 进行直接访问，它功能强大但使用较为不便，主要用于一些协议的开发。

2．地址相关数据结构

sockaddr 和 sockaddr_in 是两个重要的数据类型，这两个结构类型都用来保存 Socket 信息，定义如下所示。

```
struct sockaddr {
    unsigned short sa_family;          // 地址族，一般为AF_INET
    char sa_data[14];                  // 协议地址，包含该Socket的IP地址和端口号
};
struct sockaddr_in {
    short int sa_family;               // 地址族
    unsigned short int sin_port;       // 端口号
    struct in_addr sin_addr;           // IP地址
    unsigned char sin_zero[8];         // 填充0以保持与sockaddr同样大小
};
```

sockaddr_in 中的 in_addr 其实就是一个整数：

```
struct in_addr {
    unsigned long s_addr; };
```

为了便于将字符串描述的网络地址与二进制描述的网络地址进行转换，Linux 的 C 语言库

还提供如下三个函数进行地址转换。

```
#include <sys/types.h>
#include <sys/socket.h>
#include <arpa/inet.h>
int inet_aton(const char *cp, struct in_addr *inp);
in_addr_t inet_addr(const char *cp);
char *inet_ntoa(struct in_addr in);
```

inet_aton 函数用于将字符串描述的网络主机地址转换为二进制数值并存入 in_addr 结构体，即第二个参数*inp，函数返回非 0 表示主机地址有效，返回 0 表示主机地址无效。

inet_addr 函数将字符串描述为网络主机地址为 in_addr_t（其实是整数）类型的二进制值，如果字符串地址无效，则函数返回-1。这个函数在处理地址为 255.255.255.255 时也返回-1，虽然 255.255.255.255 是一个有效的地址，但是 inet_addr 无法处理。

inet_ntoa 函数用于将整数类型表示的网络主机地址转换为字符串表示的标准（点分表示法）网络 IP 地址，该函数返回指向点分开的字符串地址的指针。

程序 9.1 演示了 inet_aton 和 inet_ntoa 两个函数的使用示例，程序 9.2 则是获取并打印本机 IP 地址的程序示例。

程序 9.1　网络地址转换示例

```
#include <stdio.h>
#include <sys/types.h>
#include <sys/socket.h>
#include <arpa/inet.h>
int main(void)
{
    // 打印192.168.1.87地址的十六进制值
    char* ip = "192.168.1.87";
    struct in_addr inp;
    inet_aton(ip, &inp);
    printf("%s --> 0x%X\n", ip, inp);
    // 打印十六进制值0x5701a8c0对应的IP地址
    u_int32_t addr = 0x5701a8c0;
    inp.s_addr = addr;
    printf("0x%X --> %s\n", addr, inet_ntoa(inp));
    return 0;
}
```

程序 9.2　获取并打印本地 IP 地址

```
#include <stdio.h>
#include <sys/types.h>
#include <ifaddrs.h>
#include <arpa/inet.h>
int main (int argc, const char * argv[]) {
    struct ifaddrs * ifAddrStruct = NULL;  struct sockaddr_in * sin = NULL;
```

```
    getifaddrs(&ifAddrStruct);
    while (ifAddrStruct != NULL) {
        if (ifAddrStruct->ifa_addr->sa_family == AF_INET) { // 只查看IPv4
            sin = (struct sockaddr_in *)ifAddrStruct->ifa_addr;
            printf("%s IP Address %s\n",
                ifAddrStruct->ifa_name, inet_ntoa(sin->sin_addr));
        }
        ifAddrStruct = ifAddrStruct->ifa_next;
    }
    return 0;
}
```

3. 套接字相关 API

socket 函数：为了进行网络通信，一个进程必须做的第一件事就是调用 socket 函数，指定期望的通信协议类型。socket 函数原型如下：

```
#include <sys/types.h>
#include <sys/socket.h>
int socket( int family,            // 协议族，一般为AF_INET
            int type,              // 套接字类型
            int protocol)          // 0（原始套接字除外）
```

socket 函数成功时返回非负套接字描述符，出错则返回-1。

参数 family，最常见的协议族是 AF_UNIX（AF_LOCAL）和 AF_INET，前者用于通过 UNIX 和 Linux 的文件系统实现本地套接字，后者用于 UNIX 网络套接字。AF_INET 套接字可用于通过包括因特网在内的 TCP/IP 网络进行通信的程序。

参数 type 指定用于新套接字的通信特性。它的取值包括 SOCK_STREAM 和 SOCK_DGRAM，分别对应 TCP 连接和 UDP 连接。

bind 函数：在套接口中，一个套接字只是用户程序与内核交互信息的枢纽，它自身没有太多的信息，也没有网络协议地址和端口号等信息，在进行网络通信的时候，必须把一个套接字与一个地址相关联，这个过程就是地址绑定的过程。bind 函数原型如下：

```
int bind(   int sockfd,                // 套接字描述符
        struct sockaddr *my_addr,      // 本地地址
        int addrlen)                   // 地址长度
```

bind 函数成功时返回 0，出错则返回-1。

connect 函数：用于在套接字上初始化连接。流式套接字通常使用的是面向连接的协议，如 TCP 协议。该类型套接字在双方通信之前要先建立连接。具体说就是服务器端创建监听套接字并绑定地址，客户端调用 connect 函数建立连接。connect 函数原型如下：

```
int connect( int sockfd,               // 套接字描述符
            struct sockaddr *serv_addr,    // 服务器端地址
            int addrlen)               // 地址长度
```

connect 函数成功时返回 0，出错则返回-1。

一个套接字只能 connect 一次。如果客户端要和其他的服务器通信，则必须再创建一个流式套接字，重新连接。

要注意的是，数据报套接字同样可以使用 connect 函数，但含义并不是建立连接而是限定该套接字只和指定的一方通信。UDP 通信中，没有使用 connect 之前，可以和任意的地址通信；而 connect 之后只能和一方通信。

listen 函数：监听来自客户端的 TCP socket 的连接请求，从而成为一个服务器进程。在 TCP 服务器编程中 listen 函数把进程变为一个服务器，并将指定的相应套接字变为被动连接。listen 函数一般在调用 bind 之后，accept 之前调用。listen 的函数原型如下。

```
int listen(  int sockfd,              // 套接字描述符
             int backlog)             // 请求队列中允许的最大请求数
```

listen 函数成功返回 0，出错返回 -1。参数 sockfd 用于调用 socket 创建的套接字，参数 backlog 指定了该连接队列的最大长度，即套接字 sockfd 接收连接的最大数目，如果已达到最大，则之后的连接请求将被服务器拒绝。backlog 用于告诉内核连接队列的最大长度，这个值不可能任意大，一般小于 30。

accept 函数：服务器端套接字在进入监听状态后，必须通过调用 accept 函数接收客户进程提交的连接请求，才能完成一个套接字的完整连接。accept 的函数原型如下。

```
int accept(  int sockfd,              // 套接字描述符
             struct sockaddr *addr,   // 客户端地址
             socklen_t *addrlen)      // 地址长度
```

accept 函数成功返回新的套接字描述符，出错返回 -1。

参数 sockfd 是一个由函数 socket 创建，函数 bind 命名，并调用函数 listen 进入监听的套接字描述符。

参数 addr 用于存储连接成功的客户端地址结构，参数 addrlen 用于存储客户端地址结构占用的字节空间大小。如果不关心客户端套接字的地址信息，则可以把参数 addr 和 addrlen 设置为 NULL。

accept 函数一旦调用成功，系统将创建一个属性与套接字 sockfd 相同的新的套接字描述符，用于与客户端通信，并返回该新套接字的标识符，而原套接字 sockfd 仍然用于监听。

send、**recv** 函数：这两个函数是最基本的、通过连接的流式套接字进行通信的函数。它们的函数原型如下。

```
int send( int sockfd,                 // 套接字描述符
          const void *msg,            // 指向要发送数据的指针
          int len,                    // 数据长度
          int flags)                  // 一般为0
int recv( int sockfd,                 // 套接字描述符
          void *buf,                  // 存放接收数据的缓冲区
          int len,                    // 数据长度
          unsigned int flags)         // 一般为0
```

函数成功返回发送或接收的字节数，出错返回 -1。recv 函数返回其真正接收到的数据的长

度，也就是存到 buf 中数据的长度。

sendto、recvfrom 函数：这两个函数是进行无连接的 UDP 通信时使用的。使用这两个函数，数据会在没有建立任何连接的网络上传输。因为数据报套接字无法对远程主机进行连接，在发送或接收数据时用到的远程主机的 IP 地址和端口，都以参数形式体现在函数的参数中。函数成功返回发送或接收的字节数，出错返回-1。它们的函数原型如下。

```
int sendto(  int sockfd,                    // 套接字描述符
             const void *msg,                // 指向要发送数据的指针
             int len,                        // 数据长度
             unsigned int flags,             // 一般为0
             const struct sockaddr *to,      // 目的主机IP地址和端口号
             int tolen)                      // 地址长度
int recvfrom(  int sockfd,                   // 套接字描述符
             void *buf,                      // 存放接收数据的缓冲区
             int len,                        // 数据长度
             unsigned int flags,             // 一般为0
             struct sockaddr *from,          // 源主机的IP地址和端口号
             int *tolen)                     // 地址长度
```

4．套接字编程流程

对于 TCP 协议，其套接字编程流程如图 9.3 所示。

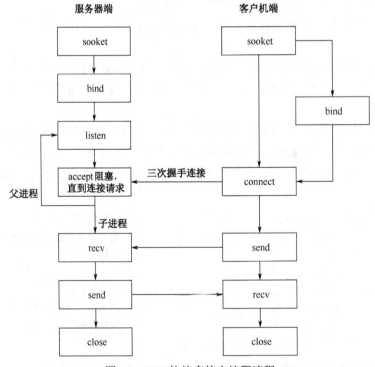

图 9.3　TCP 协议套接字编程流程

TCP 服务器程序流程一般如下。

① 程序初始化。

② 填写本机地址信息。

③ 绑定并监听一个固定端口。

④ 收到客户端连接后建立套接字。

⑤ 产生一个新的进程，与客户端进行通信和信息处理。

⑥ 子通信结束后中断与客户端的连接。

TCP 客户端程序流程一般如下。

① 程序初始化。

② 填写服务器地址信息。

③ 连接服务器。

④ 与服务器进行通信和信息处理。

⑤ 通信结束后断开连接。

对于 UDP 协议，其套接字编程流程如图 9.4 所示。

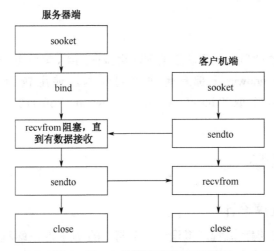

图 9.4　UDP 协议套接字编程流程

UDP 服务器程序流程一般如下。

① 程序初始化。

② 填写本机地址信息。

③ 绑定一个固定的端口。

④ 收到客户端的数据报后进行处理与通信。

⑤ 通信结束后断开连接。

UDP 客户端程序流程一般如下。

① 程序初始化。

② 填写服务器地址信息。

③ 连接服务器。

④ 与服务器进行通信和信息处理。

⑤ 通信结束后断开连接。

9.2　预习准备

9.2.1　预习要求

（1）了解 TCP/IP 协议的基础知识。

（2）了解套接字及其相关 API 应用。

（3）了解网络通信的服务器端、客户机端程序设计。

9.2.2　实践目标

（1）熟悉 TCP 协议的服务器端、客户机端程序设计与调试方法。

（2）掌握套接字及其常用 API 函数的使用方法。

（3）熟悉非阻塞多连接的 TCP 服务器程序设计方法。

9.2.3　准备材料

本章实践中的软件调试和功能测试要用到网络调试助手，可以用 sokit 网络调试工具软件，该软件在 Linux 和 Windows 下都有免费可用版本，使用较为方便。其下载地址为 http://code.google.com/p/sokit/或者 http://www.onlinedown.net/soft/110765.htm

9.3　实践内容和步骤

9.3.1　TCP 客户端程序设计

根据图 9.3 中的 TCP 编程流程，拟设计一个简单的 TCP 客户端程序，能根据程序参数指定的服务器 IP 地址，连接服务器后发送并读取数据。简单的示例如程序 9.3 所示。

程序 9.3　TCP 客户端示例程序

```
// tcp_client.c
#include <stdio.h>
#include <stdlib.h>
#include <errno.h>
#include <unistd.h>
#include <string.h>
#include <netdb.h>
#include <sys/types.h>
#include <sys/socket.h>
#define PORT 4321
#define BUF_SIZE 1024
int main(int argc, char *argv[]) {
    int sockfd;
```

```
char buf[BUF_SIZE];
struct hostent *host;
struct sockaddr_in saddr;
if (argc < 2) { // 检查程序参数的个数
    printf("USAGE: ./tcp_client Hostname(or ip address)\n");
    exit(0);
}
// 检查程序参数指定的服务器地址
if ((host = gethostbyname(argv[1])) == NULL) {
    perror("gethostbyname");
    exit(1);
}
if ((sockfd = socket(AF_INET, SOCK_STREAM, 0)) == -1)
    { // 创建一个流式Socket
    perror("socket");
    exit(1);
}
// 初始化saddr结构体变量
saddr.sin_family = AF_INET;
saddr.sin_port = htons(PORT);
saddr.sin_addr = *((struct in_addr *)host->h_addr);
bzero(&(saddr.sin_zero), 8);
// 连接服务器
if (connect(sockfd, (struct sockaddr *)&saddr, sizeof(saddr)) == -1) {
    perror("connect");
    exit(1);
}
// 显示连接信息
printf("connect to server %s...\nInput the msg to send:\n", argv[1]);
while (1) { // 循环发送、接收服务器信息
    bzero(buf, sizeof(buf)); // 清空缓冲区
    if (fgets(buf, BUF_SIZE, stdin)) {     // 在终端输入一行数据
        if (strstr(buf, "exit"))  break;  // 判断是否退出循环
        if (send(sockfd, buf, strlen(buf), 0) == -1) { // 是否发送成功
            perror("send");
            exit(1);
        }
    }
    bzero(buf, sizeof(buf));  // 清空缓冲区
    if (recv(sockfd, buf, BUF_SIZE, 0) == -1)  { // 等待接收数据
        perror("recv");
        exit(1);
    }
    else
    printf("receive from server: %s\n", buf);     // 输出接收数据
}
```

```
        close(sockfd);    // 关闭Socket
        return 0;
    }
```

要测试客户端程序，可以先在 Windows 主机下打开网络调试工具，如图 9.5 所示，使用 sokit 软件，建立 TCP 服务器，侦听本机的 4321 端口。

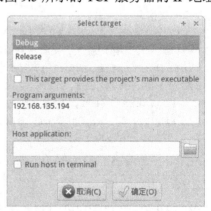

图 9.5   Windows 主机建立 TCP 服务器

回到 Linux 虚拟机，在 Code::Blocks 中新建工程，输入程序代码，编译成功后，如图 9.6 所示，在设置程序运行参数的对话框中填入图 9.5 所示的 TCP 服务器的 IP 地址。

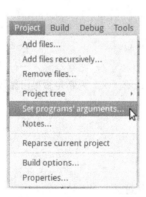

图 9.6   设置程序运行参数

在 Code::Blocks 中运行或调试程序，程序运行情况如图 9.7 所示。由图 9.7 可见，客户端发送数据给服务器后，一直在等待服务器给出回应，如果服务器不向客户端发送数据，则客户端程序一直阻塞在 recv 函数处。反之，服务器向客户端发送数据时，因为客户端一直在等待 fgets 函数获取用户输入，所以如果服务器存在连续多次数据发送的情况，则不会在客户端连续显示多行，只会把多次发送的数据显示成一次接收的数据。

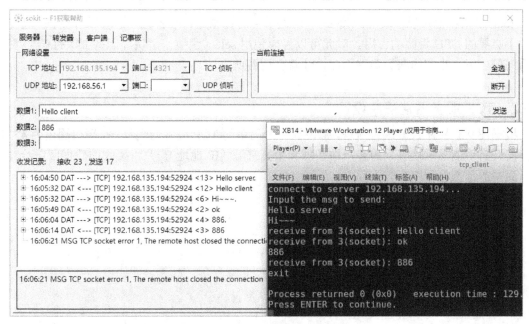

图 9.7　TCP 客户端程序测试结果

在示例的客户端程序中，recv 函数会阻塞直到有数据接收到才会继续向下执行，如果要使 recv 函数不论能否接收到数据都能立刻返回并继续向下执行，可以将客户端连接服务器后创建的套接字 sockfd 的文件属性设置为非阻塞 I/O 方式，这样 recv 函数在没有读取到数据时将立即返回-1，可以按如下步骤修改程序 9.3 的代码。

（1）程序开头添加头文件。

```
#include <fcntl.h>
```

（2）main 函数中的 while 循环前添加文件属性设置。

```
fcntl(sockfd, F_SETFL, O_NONBLOCK);
```

（3）main 函数 while 循环中的 recv 等待接收数据后修改返回值处理。

```
// 接收数据
int rt = recv(sockfd, buf, BUF_SIZE, 0); // 变量rt用于暂存函数返回值
if (0 == rt) { // 返回值0表示远程连接已经关闭
    printf("Server socket closed!\n"); break;
}
else if (rt < 0) {                        // 返回值小于0表示接收失败
    if (EAGAIN != errno) {                // 如果接收失败不是因为没有读取到数据
        perror("recv"); exit(1);
    }
}
else
    printf("receive from server: %s\n", buf);    // 输出接收数据
```

按以上 3 步修改客户端程序之后，即可连续读取终端输入并发送给服务器。要注意的是，

使用 fcntl 函数虽然可以实现非阻塞 I/O，但通常会对资源是否准备完毕进行循环测试，这样会增大不必要的 CPU 资源的占用。对此可以考虑使用 select 函数来解决非阻塞 I/O 的 CPU 资源占用问题，下一小节的服务器端程序设计就会用到此方法。

9.3.2　TCP 服务器端程序设计

根据图 9.3 中的 TCP 编程流程，拟设计一个简单的 TCP 服务器端程序，端口固定为 4321，服务器开启后能显示接收到的客户端数据和数据来源（IP 地址），并将接收的数据回送给客户端。简单的示例如程序 9.4 所示。

程序 9.4　服务器端示例程序

```c
// tcp_server.c
#include <stdio.h>
#include <stdlib.h>
#include <unistd.h>
#include <string.h>
#include <arpa/inet.h>
#define PORT            4321
#define MAX_CONN_NUM 5
#define MAX_SOCK_FD     FD_SETSIZE
#define BUFFER_SIZE     1024
#define HOSTLEN         256
int main() {
    int sockfd, client_fd, count, fd, i = 1;
    struct sockaddr_in saddr, caddr;
    fd_set inset, tmp_inset;
    char buf[BUFFER_SIZE];                // 接收、发送缓冲
    struct sockaddr_in scinf[100];      // 客户端地址池
    socklen_t sin_size = sizeof(struct sockaddr_in);
    bzero((void *)scinf, sizeof(scinf));
    if ((sockfd = socket(AF_INET, SOCK_STREAM, 0)) == -1) { // 创建套接字
        perror("socket");    exit(1);
    }
    // 初始化服务器地址结构体
    saddr.sin_family = AF_INET;
    saddr.sin_port = htons(PORT);
    saddr.sin_addr.s_addr = INADDR_ANY;
    bzero(&(saddr.sin_zero), 8);
    // 为bind设置地址复用
    setsockopt(sockfd, SOL_SOCKET, SO_REUSEADDR, &i, sizeof(i));
    if (bind(sockfd, (struct sockaddr *)&saddr, sizeof(saddr)) == -1) {
        perror("bind");      exit(1);
    }
    if (listen(sockfd, MAX_CONN_NUM) == -1) { // 开始侦听客户端连接
        perror("listen");    exit(1);
```

```
}
    printf("Begin listening...\n");
    // 准备非阻塞方式连接多路客户端
    FD_ZERO(&inset);    FD_SET(sockfd, &inset);
    while (1) {
        tmp_inset = inset;
        memset(buf, 0, sizeof(buf));
        //等待网络消息
        if (!(select(MAX_SOCK_FD, &tmp_inset, NULL, NULL, NULL) > 0)) {
         perror("select");    exit(1);
        }
        for (fd = 0; fd < MAX_SOCK_FD; ++fd) {
            if (FD_ISSET(fd, &tmp_inset) > 0) {
                if (fd == sockfd) { // 有客户机端连接请求时，accept
                client_fd=accept(sockfd,
                    (struct sockaddr*)&caddr,&sin_size);
                    if (client_fd == -1) {
                        perror("accept");    exit(1);
                    }
                    FD_SET(client_fd, &inset);
                    printf("New conn from %s\n", inet_ntoa(caddr.sin_addr));
                    if (client_fd < 100 && client_fd >= 0)    // 新客户端记入地址池
                memcpy( (void *)(&scinf[client_fd]), (void *)&caddr,
                    sin_size);
                }
                else { // 有客户端数据
                    if ((count = recv(fd, buf, BUFFER_SIZE, 0)) > 0) { // 接收
                        if (fd >= 0 && fd < 100)
                         printf( "Received from %s:\t%s\n",
                                inet_ntoa(scinf[fd].sin_addr), buf);
                        // 回送数据
                        if ((count = send(fd, buf, strlen(buf), 0)) == -1) {
                         perror("send");    exit(1);
                        }
                    }
                    else {  // 无法读取数据，可能连接已断开
                        if (fd >= 0 && fd < 100)
                    printf( "Client %s has left\n",
                      inet_ntoa(scinf[fd].sin_addr));
                        memset((void *)(&scinf[client_fd]), 0, sin_size);
                        close(fd);
                        FD_CLR(fd, &inset);
                    }
                }
            }
        }
    }
```

```
    }
    close(sockfd);
    return 0;
}
```

要测试服务器端程序，可以先在一个终端下运行服务器程序（tcp_server），然后在另一个终端下运行客户机端程序（tcp_client），客户端程序连接服务器的测试结果如图 9.8 所示。

图 9.8　客户端程序连接服务器测试结果

如果让 Windows 下的 TCP 客户端连接 Linux 虚拟机中的 TCP 服务器，则需要设置虚拟机的网络连接方式为桥接模式。图 9.9 所示为 Windows 下的 TCP 客户端测试结果。

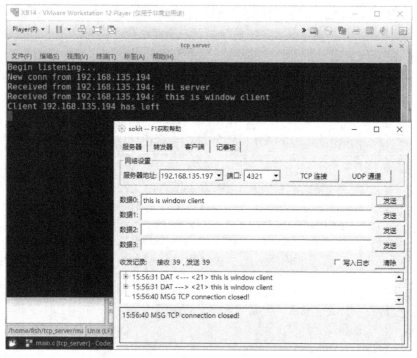

图 9.9　Windows 客户端连接虚拟机服务器

　　要注意的是，服务器示例程序虽然采用了多路复用非阻塞 I/O 方式处理连接和接收数据，但 select 采用的是轮询模型，如果连接客户端过多，会大大降低服务器响应效率。因此，对于大量客户端高并发情况，可以考虑用多线程模型开发服务器。

9.4　实践练习

　　9-1　编译并测试 TCP 客户端和服务器端示例程序。

　　9-2　使用线程，修改客户端示例程序，将发送和接收分开，使连续多次发送数据不需等待服务器应答，客户端也可以即时接收到服务器端连续发送的数据。

　　9-3　修改服务器程序，当接收到以字母 N 开头的字符串时，提取出 N 后面的整数，并判断该整数是不是一个幸运素数（4 位以上的素数，并且只有一位数字和其他位不同），将判断结果返回给客户端。例如，若客户端发送 N4321，则服务器端应答 NO；若发送 N9999991，则服务器端应答 YES。

第 10 章

简单 GUI 程序设计

10.1 背景知识

10.1.1 Qt

Qt 是一个跨平台的 C++应用程序开发框架，广泛用于开发 GUI 程序，也可用于开发非 GUI 程序，如控制台工具和服务器。Qt 的应用领域包括嵌入式设备、消费电子和桌面系统，工业控制领域大多数嵌入式 Linux 平台使用 Qt 开发 GUI 程序，其已经被 Google、HP、西门子、飞利浦等众多国际企业所使用。Qt 的特点在于：一次编码，只需重新编译，即可在不同桌面、不同平台上部署；速度快，不需要虚拟机，设计界面漂亮、简单。

Qt 最早为 Trolltech 公司开发，2008 年被 NOKIA 公司收购，以增强该公司在跨平台软件研发方面的实力，更名为 Qt Software。2012 年，Digia 公司收购了诺基亚 Qt 业务，并将 Qt 应用到 Android、iOS 及 Windows 8 平台上。Qt 是自由且开放源代码的软件，在 GNU 宽通用公共许可证（LGPL）条款下发布。所有版本都支持广泛的编译器，包括 GCC 的 C++编译器和 VIsual Studio。使用 Qt 开发的软件，相同的代码可以在任何支持的平台上编译与运行，而不需要修改源代码。Qt 会自动依据平台的不同，表现平台特有的图形界面风格。Qt 支持的平台包括：Windows、Linux/X11、Mac OS X、Embedded Linux、Windows CE/Mobile、Symbian 和 Android 系统等。

经过多年发展，Qt 不但拥有了完善的 C++图形库，而且近年来的版本逐渐集成了数据库、OpenGL 库、多媒体库、网络、脚本库、XML 库、WebKit 库等，其核心库也加入了进程间通信、多线程等模块，极大地丰富了 Qt 开发大规模复杂跨平台应用程序的能力。

Qt 的图形用户界面的基础是 QWidget。Qt 中所有类型的 GUI 组件如按钮、标签、工具栏等都派生自 QWidget，而 QWidget 本身为 QObject 的子类。Widget 负责接收鼠标、键盘和来自窗口系统的其他事件，并描绘了自身显示在屏幕上。每一个 GUI 组件都是一个 Widget，Widget 还可以作为容器，在其内包含其他 Widget。

Qt 利用信号与槽机制取代传统的回调函数来进行对象之间的沟通。当操作事件发生的时候，对象会发送一个信号（Signal）；而槽（Slot）则是一个函数接收特定信号并且运行槽本身设置的动作。信号与槽之间通过 QObject 的静态方法 connect 来连接。信号在任何运行点上皆可发射，甚至可以在槽里再发射另一个信号，信号与槽的连接不限定为一对一的连接，一个信号可以连接到多个槽或多个信号可以连接到同一个槽，甚至信号也可连接到信号。

10.1.2　安装 Qt

Qt 的版本分为 Qt4 和 Qt5，两者主要在于底层架构的差异，开发流程一样。Qt4 的学习资源较多，特别是嵌入式平台大多使用 Qt4.8，而随着 Qt5 的完善和嵌入式平台硬件性能的提升，Qt5 也应用的越来越多。本书所用 Qt 的桌面版本为 Qt5.5.1，考虑到在虚拟机中安装 Qt 并进行交叉编译，应选择 32 位 Linux 版本的 Qt5.5.1 及其源码，下载地址如下。

　　http://download.qt.io/official_releases/qt/5.5/5.5.1/qt-opensource-linux-x86-5.5.1.run（32 位 Linux 安装包）；

　　http://download.qt.io/official_releases/qt/5.5/5.5.1/single/qt-everywhere-opensource-src-5.5.1.tar.gz（Qt5.5.1 源码）。

下载好 Qt 的安装包后，在文件管理器中直接双击安装包图标，开始安装软件，如图 10.1 所示。

图 10.1　安装 Qt5.5.1

单击"下一步"按钮开始安装 Qt，在需要 Qt Accout 进行登录时，如果没有账号，则可以单击 Skip 按钮跳过，到最后一页单击"安装"按钮，等待安装完成。Qt 默认安装路径在用户根目录下，如本书中 Linux 用户名为 fish，那么 Qt 安装路径为/home/fish/Qt5.5.1/。

Qt 安装完成后，在桌面系统的"开始"菜单的开发栏中能找到 Qt Creator（Community）启动项，如图 10.2 所示。可以右击该项，选择"Add to Desktop"选项为其添加桌面快捷方式。选择该选项即可启动 Qt Creator 集成开发环境进行 Qt 开发。

图 10.2　Qt Creator（Community）启动项

　　需要注意的是，Qt 是基于 C++的应用开发框架，如果编译程序时报错并提示没有 C++编译器或者缺少 OpenGL 库支持，则可以在终端下输入如下命令进行安装：

```
sudo apt-get install g++
sudo apt-get install libqt4-dev
```

　　还有一种简单安装方法是利用 Ubuntu（Xubuntu）的软件中心，如图 10.3 所示，在软件中心中搜索并安装 Qt Creator，只要 Linux 虚拟机能够联网下载软件即可安装 Qt 及其相关配套工具（g++和开发库）。

图 10.3　Ubuntu 软件中心搜索并安装 Qt Creator

　　通过软件中心安装的 Qt 版本为 5.2.1，而且没有 Qt 帮助文件，Qt Creator 软件界面也为英文版，初学者使用可能不够方便。

10.1.3　移植 Qt

　　要在嵌入式平台上运行 Qt 程序，必须先编译嵌入式版本的 Qt。考虑到 Qt5 源码的交叉编译及移植过程较为复杂，此处仅介绍 Qt4 的交叉移植过程。Qt 的源码下载地址为 http://download.qt.io/archive/qt/，大多数版本的 Qt 可以从该网站下载。为了方便移植，选择 Qt 版本的时候建议使用和开发板上相同版本的 Qt 源码。Mini2440 和 Mini2451 使用的 Qt 版本都是 4.8.5，其配套光盘中就带有 Qt4.8.5 的源码包，没有光盘可以到以下网址下载：

http://download.qt.io/archive/qt/4.8/4.8.5/qt-everywhere-opensource-src-4.8.5.tar.gz

将下载的 Qt4 源码文件（qt-everywhere-opensource-src-4.8.5.tar.gz）复制到用户根目录中，编译之前，可以先准备一个配置编译脚本文件，在用户根目录下用 VI 或其他编辑器新建一个名为 cs.sh 的脚本文件，输入以下内容：

```
#/bin/bash
QTVERSION=4.8.5
PKGNAME=qt-everywhere-opensource-src-${QTVERSION}
QTPACKAGE=${PKGNAME}.tar.gz
DESTDIR= /usr/local/Trolltech/QtEmbedded-${QTVERSION}-arm
[ -d ${PKGNAME} ] && rm -rf ${PKGNAME}
[ -d ${DESTDIR} ] && rm -rf ${DESTDIR}
rm -rf qt-everywhere-opensource-src-${QTVERSION}
tar xvzf $QTPACKAGE
cd qt-everywhere-opensource-src-${QTVERSION}
echo yes | ./configure -opensource -embedded arm -xplatform
qws/linux-arm-g++ -webkit -qt-gfx-transformed -qt-libjpeg -qt-libpng
-qt-mouse-tslib -no-mouse-linuxtp -no-neon
make
```

要注意的是，在该脚本文件中，从 echo 到-no-neon 为一行语句，中间不要输入回车。脚本文件中，QTVERSION 指定了版本编号，版本号不同时需要修改此处。DESTDIR 为编译成功后的 Qt 库安装路径，两行-d 语句用于判断源码目录和安装目录是否已经存在，如果有则先删除已有目录。

在该脚本文件中，将源码压缩包解压后，make 编译之前还有配置编译参数的操作。./configure 语句为配置命令，其后的一些参数选项介绍如下。

-opensource：编译开源版本。

-embedded：编译目标为嵌入式平台。

-xplatform target：指交叉编译目标平台，脚本文件使用 Qt4 源码目录的 mkspecs 子目录中的 qws/linux-arm-g++路径下的交叉编译平台进行配置。

-webkit：支持 Webkit 开源浏览器引擎。

-qt-gfx-transformed：支持旋转。

-qt-libjpeg：支持 JPEG 格式图像库。

-qt-libpng：支持 PNG 格式图像库。

-qt-mouse-tslib：支持点输入设备，tslib 库。

-no-mouse-linuxtp：目标板不需要支持鼠标。

-no-neon：不支持 NEON 指令。

编辑并保存好脚本文件后，退出编辑器，在终端下输入命令运行该脚本文件：

```
./cs.sh
```

耐心等待 Qt 交叉编译完成，编译过程中不停地有编译信息输出，如果看到输出信息停止并且有编译错误信息提示，则说明编译失败，需要根据错误提示修改 configure 或者添加缺少的库等操作。编译成功后，当前路径已经切换到 Qt 源码目录，在终端下输入以下命令切换路径到 Qt4 源码子目录，再完成安装操作。

```
sudo make install
```

Qt4 的交叉编译成功后，要在 ARM 开发板上运行 Qt 程序，除了编译 ARM 版本的 Qt 应用程序之外，还需将程序运行时所需的 Qt 库文件、插件和字库等文件复制到 ARM 开发板上并配置 Qt 运行环境和触摸屏参数。大多数 ARM 开发板的 Linux 文件系统已经做过这些操作，定制文件系统时可以参考开发板上的路径配置和运行环境配置。

对初学者而言，如果交叉编译的 Qt 版本和开发板上自带的 Qt 版本相同，那么只需要在开发板上运行自己的应用程序的时候加-qws 参数并执行即可。如根目录下的 Qt 应用程序名为 helloQt，那么在开发板所连接的超级终端下输入以下命令即可运行程序：

```
./helloQt -qws
```

参数 qws 表示 Qt4 的应用程序使用 QWS，而 Qt5 不使用 QWS，在执行 Qt5 应用程序时，可以通过选项-platform 来特别指定，例如：

```
./helloQt -platform linuxfb
```

该命令指定 Qt5 版本的应用程序使用 Linuxfb 窗口管理系统，显示效果与 Qt4 版本的 QWS。

10.1.4　GUI

图形用户界面（Graphical User Interface，GUI）指采用图形方式显示的计算机操作用户界面。与终端下的命令行界面相比，图形界面对于用户来说在视觉上更易于接受。图 10.4 是常见的 GUI 程序模型。

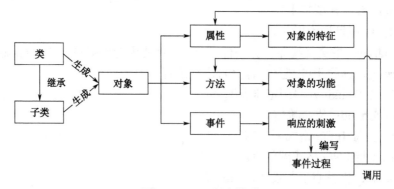

图 10.4　GUI 程序模型

人们通常把图形用户界面上的各个操作对象称为组件或者控件，Qt 所用的 C++语言提供了很多类（子类）用于描述各种 GUI 控件。例如，一个简单窗口中放置了一个按钮控件，取名为 btn，那么该按钮（btn）其实就是一个按钮类（QPushButton）的实例化对象，该按钮拥有文本、颜色、大小等属性，还有设置文本、设置颜色等方法。当用户单击这个按钮时会触发一个按钮单击事件，该按钮将发射出一个信号，如果开发人员编写了处理函数（槽函数），并将槽函数和发射信号的事件关联，那么用户单击按钮时立即执行该槽函数。在槽函数中可以引用对象的属性，或者调用对象的方法（成员函数）来描述对象行为动作，实现一系列相关功能。

信号和槽是 Qt 自行定义的一种通信机制，应用于对象之间的通信。在很多 GUI 工具包中，窗口小部件都有一个回调函数用于响应它们能触发的每个动作，这个回调函数通常是一个指向某个函数的指针。但是在 Qt 中，信号和槽取代了这些凌乱的函数指针，使得开发人员编写这些通信程序更为简洁明了。可以说，信号和槽机制是 Qt 的核心机制，要熟悉 Qt 编程就必须对信号和槽有所了解。

10.2　预习准备

10.2.1　预习要求

（1）了解 Qt 开发工具。
（2）了解 Qt 交叉编译环境。
（3）了解 GUI 相关概念。

10.2.2　实践目标

（1）熟悉 Qt 的嵌入式开发环境组成。
（2）掌握 Qt 应用程序开发流程。
（3）熟悉 Qt 常用界面组件使用方法。
（4）熟悉 Qt 界面组件的信号槽连接方法。

10.3　实践内容和步骤

10.3.1　Qt Creator 配置

Qt 安装完成后，启动 Qt Creator，软件主界面显示的欢迎页面如图 10.5 所示。Qt Creator 主界面最左侧有两个垂直工具条，一个用于页面模式切换（欢迎、编辑、设计、Debug、项目、分析和帮助），另一个用于编译调试（套件选择、运行、调试和编译）。

刚安装好的 Qt 仅配置了 PC 端的桌面版本，要编译 ARM 版本应用程序则需配置之前已经编译并安装好的交叉编译环境，选择 Qt Creator 主界面上方的"工具"菜单中的"选项"选项，弹出如图 10.6 所示的对话框。

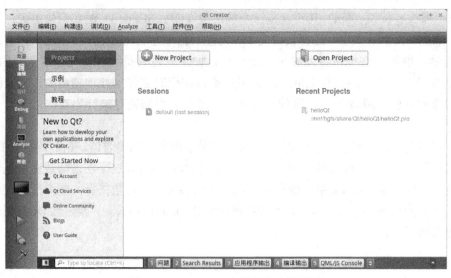

图 10.5　Qt Creator 主界面之欢迎页面

图 10.6　Qt Creator 选项对话框

　　在选项对话框中，确认选择左侧的"构建和运行"选项，选择中间的"编译器"选项卡，从图 10.7 中可以看到，当前仅有一个桌面版本的 GCC 编译器。单击右侧的"添加"按钮，选择 GCC 选项，如图 10.8 所示，开始手动添加交叉编译器。

　　在图 10.8 中，用户需要修改编译器名称（可以改为 arm-linux-gcc），然后浏览并选择编译器路径（选择交叉编译器安装目录的 arm-linux-g++文件），最后单击"Apply"按钮进行保存。

图 10.7　Qt Creator 自动识别的编译器

图 10.8　手动添加 arm-linux-gcc 交叉编译器

选择"Qt Versions"选项卡，如图 10.9 所示，可以看到当前只有桌面版本的 Qt5.5.1 可用。要编译嵌入式版本应用程序，还需要添加 Qt 的嵌入式版本。

单击右侧的"添加"按钮，将弹出文件项对话框，要求用户选择编译好的 Qt 库中的 qmake 程序。参照 10.1.3 小节中的 Qt4.8.5 安装路径，选择好 qmake 文件，然后单击"Apply"按钮进行保存，添加好 Qt4.8.5 之后如图 10.10 所示。

图 10.9　Qt Creator 自动识别的 Qt 版本

图 10.10　手动添加嵌入式版本的 Qt4.8.5（Kit）

最后，添加嵌入式版本的 Qt 构建套件（Kit），选择"构建套件（kit）"选项卡，如图 10.11

所示，当前只有桌面版本的 Qt5.5.1 构建套件，单击右侧的"添加"按钮开始手动设置。

手动设置如图 10.12 所示，填好构建套件的名称（Embedded Qt4.8.5），设备类型选择"通用 Linux 设备"，编译器选择之前添加的"arm-linux-gcc"，调试器选择"None"，Qt 版本选择之前添加的"Qt4.8.5（QtEmbedded-4.8.5-arm）"，单击"Ok"按钮确认保存设置。

图 10.11　Qt Creator 自动检测的构建套件

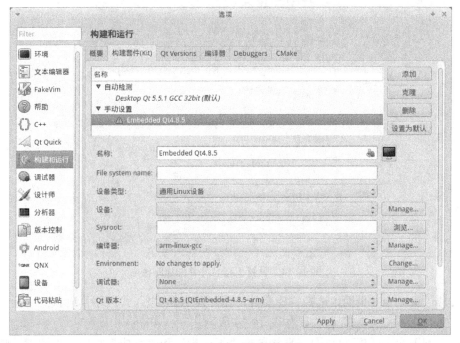

图 10.12　手动添加构建套件

10.3.2　简单四则运算程序设计

（1）新建 Qt 工程：打开 Qt Creator，在如图 10.5 所示的欢迎页面中，单击"New Project"
按钮开始新建工程。在图 10.13 所示的新建工程页面中，选择"Application"选项，然后选择
"Qt Widgets Application"类型，单击"Choose"按钮。

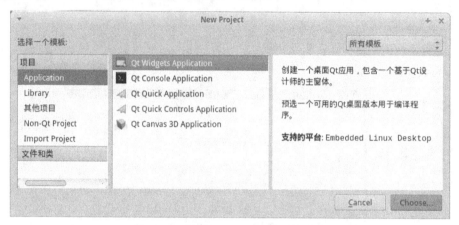

图 10.13　新建 Qt Widgets 类型的应用

在 Qt Widgets Application 工程向导页面中，填入工程名称（helloQt）并选择工程保存路径，
单击"下一步"按钮，如图 10.14 所示。

图 10.14　设置工程名称并创建路径

进入 Kits Selection 页面，选择构建套件，要开发 Qt 的嵌入式应用需确认选中上一小节中
添加的"Embedded Qt4.8.5"套件，如图 10.15 所示。

进入 Details 页面和汇总页面，直接单击"下一步"和"完成"按钮，按照默认选项完成
工程设置。工程创建成功后，Qt Creator 会直接打开主窗口的程序文件，如图 10.16 所示。可

以看到，当前 Qt Creator 主界面处于编辑状态，下方的编译调试工具栏也被激活了。单击左下角的绿色三角形运行按钮，将开始编译当前工程，编译成功后运行程序将显示一个带有"MainWindow"标题的空白窗口。

图 10.15　选择构建套件

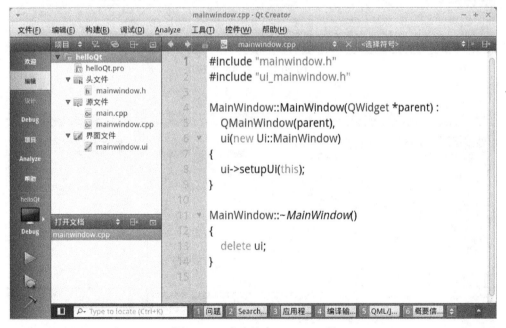

图 10.16　成功新建 helloQt 工程

（2）主窗口界面设计：在左侧的项目文件列表中，双击界面文件 mainwindows.ui，Qt Creator 进入设计模式，如图 10.17 所示，现在可以对主窗口界面进行编辑了。

从左侧的控件工具栏中拖动出两个 Spin Box 控件、一个 Combo Box 控件、一个 Label 控件、一个 Line Edit 控件和一个 Push Button 控件。在主界面中大致按图 10.18 进行摆放。

双击 TextLabel 标签，修改其显示文本为"="，双击 PushButton 按钮，修改其显示文本为"计算"。

　　注意：Qt5 的 Qt Creator 对中文输入法支持不太好，需要在 Ubuntu 软件中心搜索并安装输入法支持库 fcitx-libs-qt5。如果暂时解决不了输入法的问题，则可以先在其他编辑器中输入中文，然后复制粘贴到 Qt Creator 中。

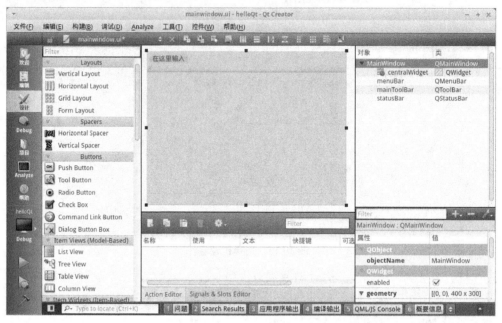

图 10.17　主界面编辑

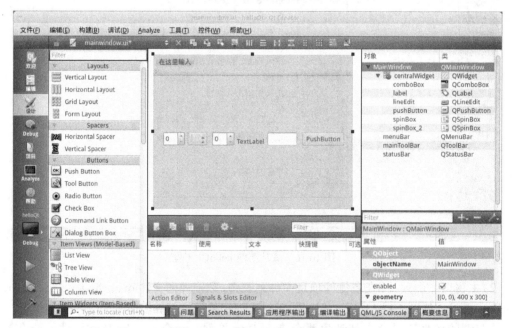

图 10.18　向主界面中添加控件

如图 10.19 所示，右击两个 Spin Box 控件之间的 Combo Box 控件，在弹出的快捷菜单中选择"编辑项目"选项，弹出如图 10.20 所示的编辑组合对话框。在编辑组合对话框中，单击绿色的加号按钮可以向组合框中添加内容，依次添加四则运算符号。

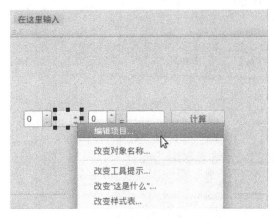

图 10.19　编辑 Combo Box 控件

图 10.20　添加组合框内容

在 Qt 的界面设计中，还有一个特色功能就是界面布局。如图 10.21 所示，向主窗口中拖入一个 Horizontal Layout 组件，并将之前添加的控件都拖入该 Horizontal Layout 组件内。最后，向 Horizontal Layout 组件内拖入两个 Horizontal Spacer 控件，分别放置在左侧和右侧。

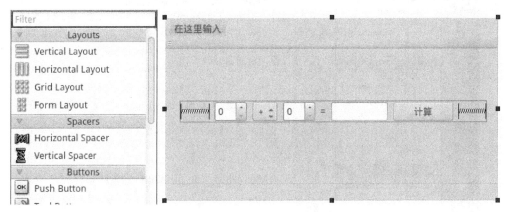

图 10.21　添加水平布局

最后，右击主窗口的空白处，选择"布局"菜单中的"垂直布局"选项，使中间的一行控件垂直居中。界面设计到此接近完成，单击左下角的绿色运行按钮，编译成功后运行效果如图 10.22 所示。程序运行起来后，当用鼠标调整窗口大小时，可以观察到四则运算的控件行始终处于窗口正中间。

（3）四则运算功能设计：右击"计算"按钮，弹出快捷菜单，选择"转到槽"选项，弹出转到槽对话框如图 10.23 所示。确认选择 clicked() 信号后，单击"OK"按钮。

此时，Qt Creator 会自动添加槽函数的相关声明和定义，并切换到编辑模式显示槽函数，如图 10.24 所示。

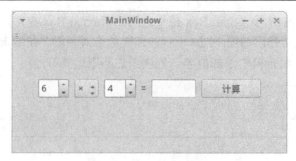

图 10.22　界面设计效果

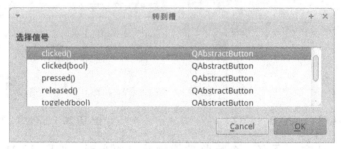

图 10.23　选择槽函数关联信号

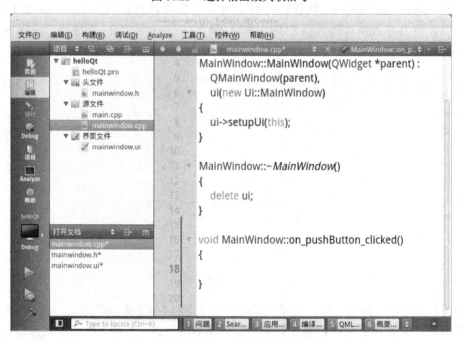

图 10.24　Qt Creator 自动添加的槽函数

在该槽函数中输入四则运算的功能代码：

```
int nt = ui->comboBox->currentIndex();      // 获取组合框选项
int nleft = ui->spinBox->text().toInt();    // 获取左边操作数数值
int nright = ui->spinBox_2->text().toInt(); // 获取右边操作数数值
switch (nt) {
    default: case 0:  // 默认加法运算
```

```
        ui->lineEdit->setText(QString::number(nleft + nright));
        break;
    case 1:              // 减法运算
      ui->lineEdit->setText(QString::number(nleft - nright));
        break;
    case 2:              // 乘法运算
      ui->lineEdit->setText(QString::number(nleft * nright));
        break;
    case 3:              // 除法运算
      if (0 == nright)
         ui->lineEdit->setText("除零错误！");
      else
        ui->lineEdit->setText(QString::number(nleft/nright));
        break;
    }
```

在上述代码中，使用了 MainWindow 类的成员变量 ui，它是一个 MainWindow 类型的指针，可以打开 MainWindow.h 文件查看其定义。在 MainWindow 类的成员函数中，通过 ui 这个变量就可以引用主窗口中的各个控件。Qt 的一些常用控件，如标签、编辑框和按钮，其对象都带有 setText 方法，可以使用该方法设置控件上显示的文本内容。setText 方法需要的参数为 QString 类型的字符串。QString 类是 Qt 中常用的字符串类，该类提供了很多常用的字符串操作方法，如 number 函数可以根据一个整数生成一个 QString 对象。

（4）改进功能：四则运算程序还有一些小问题，测试时发现两个 Spin Box 控件填入数值范围为 0～99，现在回到设计模式，在主界面中，选择一个 Spin Box 控件，如图 10.25 所示，在右侧的控件属性中，找到 minimum 和 maximum 两项，填入最小值和最大值。

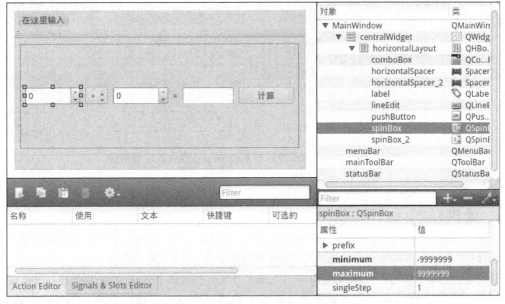

图 10.25　修改 Spin Box 控件的数值范围

如果想要在修改两个操作数或者选择操作类型时自动计算结果，那么在主窗口编辑状态下，选择"编辑"菜单中的"Edit Signals/Slots"选项，或者按快捷键 F4，进入信号/槽编辑状态（按 F3 键返回控件编辑状态）。此时，按住第一个 Spin Box 控件不放，移动光标到"计算"按钮上再放开，弹出"配置连接"对话框，如图 10.26 所示。单击 Spin-Box 的 valueChanged(int)信号，再选择右侧的 click()槽，单击"OK"按钮。另一个 Spin Box 控件也进行同样的操作。

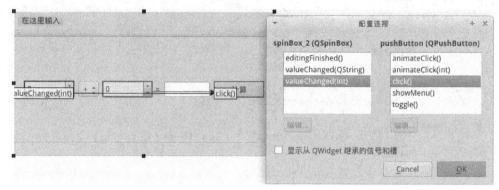

图 10.26　Spin Box 控件与 Push Button 控件的配置连接

　　同样的，再编辑信号/槽状态，按住 Combo Box 控件不放，移动光标到"计算"按钮上再放开，弹出"配置连接"对话框，如图 10.27 所示。单击 Combo Box 的 currentIndexChanged(int)信号，再选择右侧的 click()槽，单击"OK"按钮。最后单击左下角的绿色运行按钮，测试程序功能。

图 10.27　Combo Box 控件与 Push Button 控件的配置连接

10.4　实践练习

10-1　完成实践内容中的示例程序，编译并运行该程序的桌面版本。

10-2　结合第 7 章的串口和线程内容，完成基于 Qt 的简单串口调试助手程序：可选择端口和波特率，能以字符串或十六进制方式显示接收数据，能发送编辑框中输入的字符串数据。

10-3　搭建嵌入式 Qt 开发环境，编译出嵌入式版本的示例程序，并在开发板上运行该程序。

第 11 章

Qt 图形程序设计

11.1 背景知识

11.1.1 Qt 绘图系统

Qt 的绘图系统对底层函数进行了良好的封装，使得屏幕和设备的绘图功能可以使用相同的 API。绘图系统主要依据 QPainter、QPaintDevice 和 QPaintEngine 三个类来实现。QPainter 表现绘图功能的操作，QPaintDevice 作为可用 QPainter 绘制的二维空间的抽象，QPaintEngine 则提供了在不同设备上绘制图形的接口。QPaintEngine 类其实被 QPainter 和 QPaintDevice 在内部调用，除非自己创造其他的设备，否则其对于程序员来说是隐藏的。

可以把 QPainter 理解成画笔；把 QPaintDevice 理解成使用画笔的地方，如纸张、屏幕等；而对于纸张、屏幕而言，肯定要使用不同的画笔绘制，为了统一使用一种画笔，Qt 设计了 QPaintEngine 类，这个类可使不同的纸张、屏幕使用一种画笔。

QPaintDevice 是所有可绘图设备的基类，也就是说，QPainter 可在任意的 QPaintDevice 的子类上进行绘图操作，如 QWidget、QImage、QPixmap、QPicture、QPrinter 等。

在 QPaintDevice 上进行绘图时，还需要用到表示不同绘图操作的类，表 11.1 所示为 Qt5 常用的绘图操作类。

表 11.1 Qt 常用绘图操作类

类　名	功　　能
QLine	在整数精度级别绘制二维直线
QPoint	在整数精度级别表示平面上的一个点
QRect	在整数精度级别表示平面上的一个矩形
QSize	在整数精度级别表示一个二维对象的尺寸
QBitmap	单色位图
QIcon	可伸缩的图标，支持多种模式与状态
QImage	图像的硬件无关表示，可存取像素数据，也可作为绘图设备

续表

类　名	功　能
QPixmap	图像的非屏幕表示，也可用作绘图设备
QBrush	表示图形的填充样式
QGradient	渐变填充样式
QLinearGradient	线型渐变
QRadialGradient	辐射渐变
QColor	基于 RGB、HSV 和 CMYK 的颜色表示
QPainterPath	绘制操作的容器
QPen	定义 QPainter 的线条样式
QPolygon	在整数精度级别表示多边形
QRegion	指定一个剪裁区域
QTransform	指定 2D 平面的坐标变换
QFont	指定用于绘制文本的字体

11.1.2　Qt 窗口中的绘图方法

在一个窗口中绘图时，可以使用重写窗口类的 paintEvent 函数（重写指派生类重新定义基类的虚函数，函数名称、参数、返回值都相同）。再在重写的函数中进行图形绘制操作，当其他函数中需要刷新显示内容时，调用窗口的 update 函数通知窗口重新绘图。

以下是一个简单的 Qt 绘图示例。

（1）在 Qt Creator 中新建一个"Qt Widget Application"类型的工程，选择窗口类型为 Dialog（对话框）类型。工程创建之后，在 Dialog 类的 dialog.h 头文件中添加 paintEvent 函数声明，如图 11.1 所示。

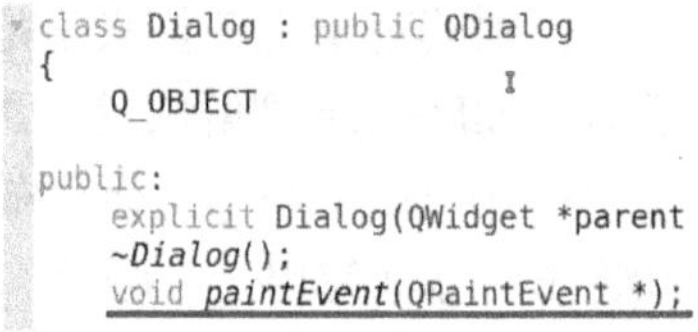

```
class Dialog : public QDialog
{
    Q_OBJECT

public:
    explicit Dialog(QWidget *parent = 0);
    ~Dialog();
    void paintEvent(QPaintEvent *);
```

图 11.1　添加 paintEvent 函数的声明

（2）在 Dialog 类的 dialog.cpp 文件末尾，添加 paintEvent 函数的定义，并在其中加入绘制窗口的背景代码。

```
void Dialog::paintEvent(QPaintEvent *)
{
    QPainter painter(this);                        // 获得当前窗口画笔
    painter.fillRect(rect(), Qt::blue);            // 窗口填充蓝色背景
    painter.setPen(Qt::white);                     // 选择白色画笔
    painter.setFont(QFont("Arial", 60));           // 使用60点的Arial字体
    painter.drawText(rect(), Qt::AlignCenter, "Qt 你好"); // 居中
}
```

对于 QPainter 类，还需要在 dialog.cpp 文件开头添加以下 include 语句：

```
#include <QPainter>
```

（3）编译工程后，程序运行结果如图 11.2 所示。

图 11.2　简单绘图示例

11.1.3　QPainter 类

QPainter 类提供了许多高度优化的函数来做大部分的 GUI 绘制工作。从简单的线到复杂的形状都可以由 QPainter 类提供的函数绘制出来。通常情况下，QPainter 的使用要在窗口的绘制事件函数（paintEvent）中进行。

通常情况下，QPainter 以默认的坐标系统（窗口左上角为坐标原点，x 轴向右，y 轴向下）进行绘制，也可以用 QMatrix 类对坐标进行变换。

一般而言，线条和轮廓都用画笔（QPen）进行绘制，用画刷（QBrush）进行填充。Qt 中的字体使用 QFont 类定义，当绘制文字时，Qt 使用指定字体的属性，如果没有匹配的字体，则 Qt 将使用最接近的字体。表 11.2 列出了 QPainter 类常用的绘图函数。

表 11.2　QPainter 常用绘图函数

函 数 名 称	功　　能
drawPoint(int x, int y)	
drawPoint(const QPoint &p)	画点
drawLine(int x1, int y1, int x2, int y2)	
drawLine(const QPoint &p1, const QPoint &p2)	画线
drawRect(int x1, int y1, int w, int h)	
drawRect(const QRect &rect)	画矩形
fillRect(int x, int y, int w, int h, const QBrush &)	
fillRect(const QRect &, const QBrush &)	
fillRect(int x, int y, int w, int h, const QColor &color)	
fillRect(const QRect &, const QColor &color)	填充矩形
drawRoundRect(int x, int y, int w, int h, int = 25, int = 25)	
drawRoundRect(const QRect &r, int xround = 25, int yround = 25)	画圆角矩形
drawPolyline(const QPoint *points, int pointCount)	画连续折线
drawPolygon(const QPoint *points, int pointCount)	画多边形
drawArc(int x, int y, int w, int h, int a, int alen)	
drawArc(const QRect &, int a, int alen);	画圆弧

函 数 名 称	功 能
drawChord(int x, int y, int w, int h, int a, int alen) drawChord(const QRect &, int a, int alen)	画弦
drawPie(int x, int y, int w, int h, int a, int alen) drawPie(const QRect &, int a, int alen)	画扇形
drawEllipse(int x, int y, int w, int h) drawEllipse(const QPoint &center, int rx, int ry)	画椭圆
drawText(int x, int y, int w, int h, int flags, const QString &text, QRect *br=0); drawText(const QRect &r, int flags, const QString &text, QRect *br=0)	显示文字
drawPoints(const QPoint *points, int pointCount)	画多个点
drawLines(const QLine *lines, int lineCount)	画多条线
drawRects(const QRect *rects, int rectCount)	画多个矩形

drawImage(const QPoint &p, const QImage &image);
drawImage(int x, int y, const QImage &image);
drawPicture(int x, int y, const QPicture &picture);
	显示图像

11.1.4　画刷和画笔

QBrush 定义了 QPainter 的填充模式，具有样式、颜色、渐变及纹理等属性。画刷的 style() 定义了填充的样式，使用 Qt::BrushStyle 枚举，默认值是 Qt::NoBrush，即不进行任何填充。从 QBrush 类的构造函数中可以看出画刷的如下属性。

```
QBrush();
QBrush(Qt::BrushStyle bs);
QBrush(const QColor &color, Qt::BrushStyle bs=Qt::SolidPattern);
QBrush(Qt::GlobalColor color, Qt::BrushStyle bs);
QBrush(const QColor &color, const QPixmap &pixmap);
QBrush(Qt::GlobalColor color, const QPixmap &pixmap);
QBrush(const QPixmap &pixmap);
QBrush(const QImage &image);
QBrush(const QBrush &brush);
QBrush(const QGradient &gradient);
```

从这些构造函数可以看出，QBrush 定义了 QPainter 的填充模式，具有样式（bs）、颜色（QColor）、渐变（QGradient）及纹理（QPximap）等属性。

画刷的 gradient() 定义了渐变填充。这个属性只有在样式是 Qt::LinearGradientPattern、Qt::RadialGradientPattern 或者 Qt::ConicalGradientPattern 之一时才有效。渐变可以由 QGradient 对象表示。Qt 提供了三种渐变：QLinearGradient、QConicalGradient 和 QRadialGradient，它们都是 QGradient 的子类。图 11.3 列出了三种渐变的效果。

QPen 定义了 QPainter 应该怎样画线或者轮廓线。画笔具有样式、宽度、画刷、笔帽样式和连接样式等属性。画笔的样式 style() 定义了线的样式。画笔宽度 width() 或 widthF() 定义了画笔的宽。

注意：不存在宽度为 0 的线，画笔宽度通常至少是 1 个像素。以下是 QPen 类的构造函数。

```
QPen();
QPen(Qt::PenStyle);
QPen(const QColor &color);
QPen(const QBrush &brush, qreal width,
       Qt::PenStyle s = Qt::SolidLine,
       Qt::PenCapStyle c=Qt::SquareCap,
       Qt::PenJoinStyle j= Qt::BevelJoin);
```

（a）QLinearGradient（线性渐变）　　（b）QConicalGradient（辐射渐变）　　（c）QRadialGradient（锥形渐变）

图 11.3　画刷的三种渐变效果

从中可以看到画笔属性包含了画笔使用的画刷、线宽、画笔样式、画笔端点样式和画笔连接样式等。

声明画刷或画笔对象的时候，通常可以先指定颜色，再通过类中的 setStyle、setWidth 等成员函数设置画刷或画笔属性。

QPainter 对象要使用画刷或画笔，通常是调用 setBrush 和 setPen 成员函数，设置过画刷和画笔的状态将一直保持。

11.1.5　图像处理

Qt 提供了 4 个处理图像的类：QImage、QPixmap、QBitmap、QPicture。它们有着各自的特点。

QImage 提供了与硬件无关的图像表示形式，极大地简化了 I/O 与像素存取，支持单色、8 位、32 位和 Alpha 透明图像。QImage 的优点在于可以在不同平台确保像素的精确度，并且绘图过程是其他的线程而非当前的 GUI 线程。

QPixmap 提供了与屏幕无关的图像显示方式，简化了图像在屏幕上的呈现。与 QImage 不同的是，QPixmap 的像素数据是被底层的操作系统管理的，只能通过 QPainter 函数来操作或者转化为 QImage 来操作。QBitmap 从 QPixmap 继承，但它只能表示黑白两种颜色。

QPicture 是用来记录与重现 QPainter 命令的绘图设备，将绘制命令连续地传递给 I/O 设备与平台无关。同时，QPicture 也是与分辨率无关的，即可在不同设备（SVG、PDF、PS、Printer 和屏幕）上显示相同的效果。QPicture::load() 与 QPicture::save() 可用于实行图像的数据流操作。

对最简单的图片显示而言，使用 QImage 或 QPixmap 类比较常见。显示一幅图像，可以在 paintEvent 函数中如下操作：

```
QPainter painter(this);  // 声明QPainter对象
... // 其他绘图操作
```

```
// 声明一个QPixmap对象并初始化装载图像文件
QPixmap pm("/home/fish/HDU.png");
painter.drawPixmap((rect().width() - pm.width()) / 2,
(rect().height() - pm.height()) / 2, pm); // 居中显示图像
```

上述代码将加载位于路径/home/fish/下的 HDU.png 图片，并将该图片显示在窗口正中。

11.1.6　Qt 定时器与线程

如果要绘制动态图像或者在绘制图像的同时有后台数据采集与处理，则可能会用到定时器和线程。

Qt 的定时器类为 QTimer 类，其用法比较简单：

```
QTimer *timer = new QTimer(this);
connect(timer, SIGNAL(timeout()), this, SLOT(update()));
timer->start(1000);  // 开启定时器，定时周期1000ms
```

上述代码创建了一个 QTimer 对象，将信号 timeout()与相应的槽函数（此处为 update 函数，即刷新窗口，也可以是其他槽函数）相连，然后调用 start()函数。每隔 1s，定时器便会发出一次 timeout()信号。

回到图 11.2 绘图示例所在的工程代码，在 dialog.cpp 文件开头添加以下两行头文件语句：

```
#include <QTime>     // 包含Qt时间类
#include <QTimer>    // 包含Qt定时器类
```

在 dialog.cpp 文件的 Dialog 构造函数中，追加与上述的 QTimer *timer 定时器相关的三行程序代码，在 paintEvent 绘图事件函数中，追加以下显示当前时间的程序代码。

```
painter.setFont(QFont("Arial", 20)); // 选用20点的Arial字体
painter.drawText(rect(), Qt::AlignHCenter | Qt::AlignBottom,
                 QTime::currentTime().toString("hh:mm:ss"));
```

这两行代码的功能是用 20 点的字体在窗口下方居中显示当前时间，随着定时器定时时间的到达，与 timeout 信号相连接的 update 槽函数即会刷新一次窗口（调用 paintEvent 函数），用户就会看到窗口下方的当前时间在不停刷新显示，定时器示例如图 11.4 所示。

图 11.4　定时器示例

Qt 的线程类是 QThread，使用稍微复杂一些，创建和使用线程通常分为以下三步。

① 创建线程类，继承 QThread、重写 run() 成员函数。

② 在主线程中创建线程对象。

③ 使用 start() 方法启动线程。

在 Qt Creator 中新建一个 Qt Widgets Application，窗口基类选择 QDialog，完成项目创建。在窗口界面编辑模式下，向主窗口（dialog.ui）添加一个 Label 控件和一个 PushButton 控件，修改 Label 标签显示文本为"当前计数"，按钮显示文本为"清零"。再设置标签文本为居中显示，界面设计结果如图 11.5 所示。

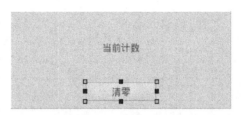

图 11.5　线程示例初始界面

完成界面设计后，通过按钮的控件菜单，添加"清零"按钮的 click() 事件的槽函数，然后在 dialog.h 文件的 Dialog 类前，添加自定义的信号和槽函数声明，如程序 11.1 所示。对槽函数 recvData，记得要在 dialog.cpp 中添加其函数定义。

程序 11.1　Dialog 类声明

```cpp
class Dialog : public QDialog {
    Q_OBJECT
public:
    explicit Dialog(QWidget *parent = 0);
    ~Dialog();
private slots:
    void on_pushButton_clicked();    // 按钮点击槽函数
    void recvData(int data);         // 接收数据槽函数
signals:
    void countCtrl(bool bcnt);       // 发射给线程的控制信号
private:
    Ui::Dialog *ui;
};
```

开始引入 Qt 的线程操作，选择"文件"菜单中的"新建文件或项目"选项，在弹出的对话框中选择文件和类下方的"C++"→"C++ Class"，单击"Choose"按钮到下一页。进入类定义细节页面，如图 11.6 所示，输入类名和基类名称，其他选项不变，单击"下一步"按钮，直至完成 MyThread 的添加。

MyThread 线程类创建好之后，修改 mythread.h 头文件，如程序 11.2 所示，添加了 run 函数重写声明、两个成员变量以及与 GUI 主线程通信的信号和槽函数。添加完相应代码后，还要给 run() 函数和 countSlot() 槽函数添加函数定义。

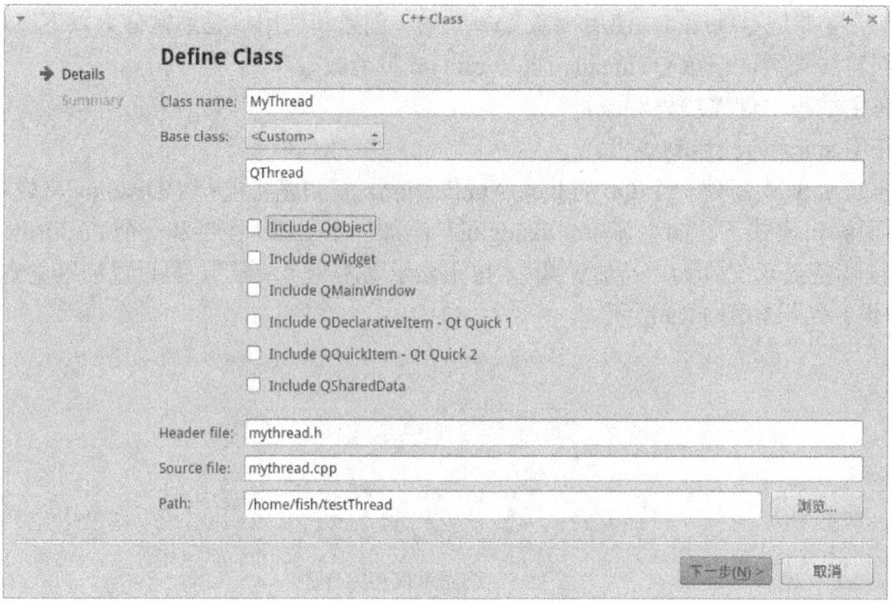

图 11.6　添加自定义类，继承自 QThread

程序 11.2　mythread.h 头文件

```
#ifndef MYTHREAD_H
#define MYTHREAD_H
#include <QThread>
class MyThread : public QThread
{
    Q_OBJECT            // 使用信号槽机制时必须添加Q_OBJECT宏
public:
    MyThread();         // 构造函数
    void run();         // 重写run函数
    int data;           // 成员变量，用于计数
    bool bCount;        // 成员变量，用于计数控制
public slots:
    void countSlot(bool bcnt);    // 槽函数，用户连接主线程发射的countSlot信号
signals:
    void sendData(int data);      // 发送数据信号，用于将计数值传送给主线程
};
#endif // MYTHREAD_H
```

打开 mythread.cpp 文件，在 MyThread 类构造函数中初始化两个成员变量，在各个成员函数的定义中添加功能代码，程序 11.3 所示为 mythread.cpp 文件的代码。

程序 11.3　mythread.cpp 文件

```
#include "mythread.h"
MyThread::MyThread() {
    data = 0;               // 初始计数值为0
    bCount = true;          // 启动计数
```

```
}
void MyThread::run() {
    while (true) {                      // while循环
        if (bCount) {
            ++data;
            emit sendData(data);        // 发射sendData信号给主线程
        }
        usleep(10000);                  // 延时10ms
    }
}
void MyThread::countSlot(bool bcnt) {
    bCount = bcnt;
    if (!bCount) {                      // 如果停止计数，则清零并发射信号给主线程
        data = 0;
        emit sendData(data);
    }
}
```

最后，打开 dialog.cpp 文件，在 Dialog 类构造函数中创建线程对象，连接信号与槽函数，启动线程。同时，在 Dialog 类的各成员函数中添加功能代码，如程序 11.4 所示。

程序 11.4　dialog.cpp 文件

```
#include "dialog.h"
#include "ui_dialog.h"
#include "mythread.h"
Dialog::Dialog(QWidget *parent) : QDialog(parent), ui(new Ui::Dialog) {
    ui->setupUi(this);
    MyThread *thread = new MyThread();
    connect(this, SIGNAL(countCtrl(bool)), thread, SLOT(countSlot(bool)));
    connect(thread, SIGNAL(sendData(int)), this, SLOT(recvData(int)));
    thread->start();
}
Dialog::~Dialog() { delete ui; }
void Dialog::on_pushButton_clicked() {
    static bool bcnt = true;
    bcnt = !bcnt;
    emit countCtrl(bcnt);
    ui->pushButton->setText(bcnt ? "清零" : "开始");
}
void Dialog::recvData(int data) {
    ui->label->setText("当前计数：" + QString::number(data));
}
```

编译并运行程序，结果如图 11.7 所示，程序开始时当前计数在不停增加，单击窗口中的"清零"按钮后计数停止并且显示为 0，按钮显示文字也变为"开始"，再次单击按钮，计数从零开始向上加，按钮文字也变回到"清零"。

图 11.7　线程示例程序结果

11.2　预习准备

11.2.1　预习要求

（1）了解 Qt 绘图系统及 Qt 的窗口绘图方法。

（2）了解 QPainter 类相关绘图操作。

（3）了解 Qt 的定时器与线程概念及其应用方法。

11.2.2　实践目标

（1）熟悉 Qt 绘图系统相关概念。

（2）掌握 Qt 的 QPainter 类常用绘图方法。

（3）掌握 Qt 定时器结合绘图的简单动画方法。

11.3　实践内容和步骤

11.3.1　Qt 绘图简单示例

新建一个 Qt Widgets Application 工程，选择基类时的相关设置如图 11.8 所示。

图 11.8　新建工程时窗口基类选择

打开 dialog.h 文件，重写 paintEvent 函数声明。在 Dialog 类的 public 行下方添加以下代码：

```
void paintEvent(QPaintEvent *);
```

右击 paintEvent 函数，弹出快捷菜单，选择"Refactor"菜单中的"在 dialog.cpp 添加定义"
选项，如图 11.9 所示。

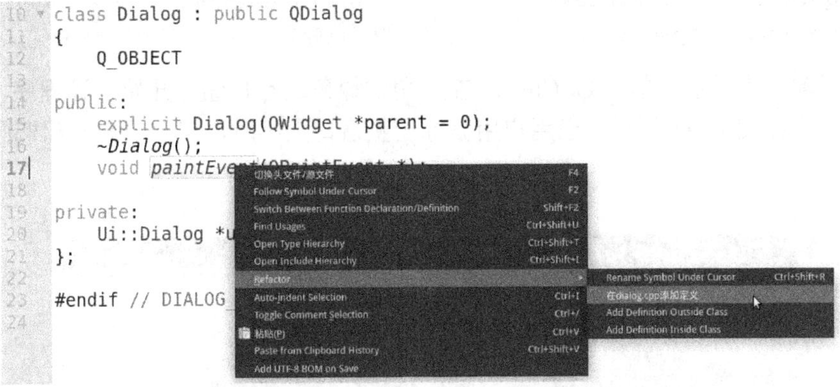

图 11.9　从头文件中添加成员函数的定义

如图 11.10 所示，Qt Creator 将在 dialog.cpp 中自动添加 paintEvent 函数定义。如果图 11.9
中的"refactor"菜单中没有添加函数定义选项，则可以在 dialog.cpp 文件中手动添加。

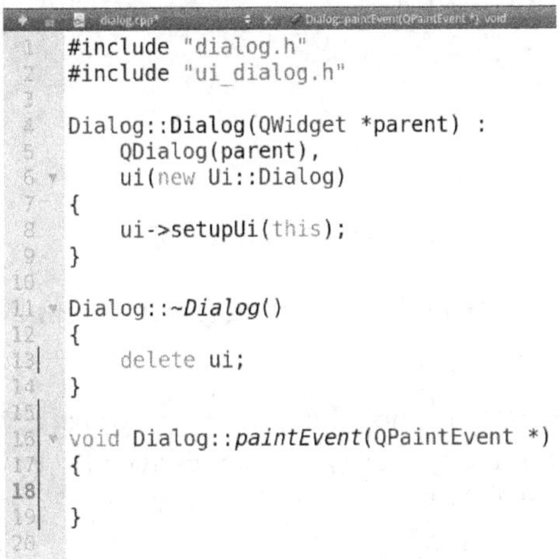

图 11.10　自动添加的函数定义

在 dialog.cpp 文件中先包含 QPainter 头文件，然后在 paintEvent 函数中添加如下绘图程序
代码。

```
QPainter qp(this);     QRect rc(0, 0, rect().width(), 30);
qp.fillRect(rc, Qt::blue);    // 填充蓝色矩形
qp.setPen(Qt::yellow);    qp.setFont(QFont("Arial", 28));
qp.drawText(rc, Qt::AlignCenter, "Hello QT");    // 显示标题文字
for (int i = 0; i < rect().width(); i += 20)
    qp.drawPoint(i, 20);         // 连续画点
QPen pen(Qt::red);    qp.setPen(pen);
rc.setRect(5, 40, rect().width() - 10, rect().height() - 45);
```

```
qp.drawRect(rc);                          // 画矩形框
pen.setWidth(3); qp.setPen(pen);
qp.drawLine(5, 35, rect().width() - 10, 35);      // 画粗线
QBrush brush(Qt::cyan);      qp.setBrush(brush);
qp.setPen(Qt::NoPen);                     // 关闭画笔，不画边框
qp.drawEllipse(rc);                       // 画青色椭圆
```

程序代码输入完成后，单击 Qt Creator 左下角的绿色运行按钮，开始编译程序，编译成功后程序运行效果如图 11.11 所示，当用户用鼠标调整窗口大小时，图中的矩形和椭圆都会随之变化。

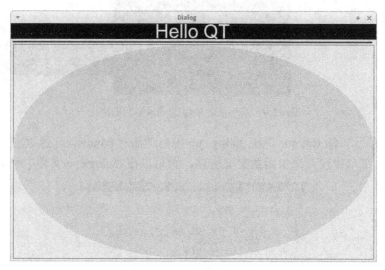

图 11.11　Qt 绘图简单示例

现在，用渐变画刷画出一个彩色的圆轮，继续在 paintEvent 函数中添加如下代码。

```
// 定义圆半径r
int r = rc.width()>rc.height() ? rc.height()/2 : rc.width()/2;
rc.setRect(rc.center().rx()-r, rc.center().ry()-r, 2*r, 2*r);
qp.setRenderHint(QPainter::Antialiasing);      // 反锯齿平滑
QConicalGradient cg(0, 0, 0);                  // 声明锥形渐变对象
cg.setColorAt(0, Qt::red);                     // 设置0度角红色
cg.setColorAt(60.0 / 360.0, Qt::yellow);       // 设置60度角黄色
cg.setColorAt(120.0 / 360.0, Qt::green);       // 设置120度角绿色
cg.setColorAt(180.0 / 360.0, Qt::cyan);        // 设置180度角青色
cg.setColorAt(240.0 / 360.0, Qt::blue);        // 设置240度角蓝色
cg.setColorAt(300.0 / 360.0, Qt::magenta);     // 设置300度角紫色
cg.setColorAt(1, Qt::red);                     // 设置360度角红色
qp.translate(rc.center());                     // 坐标原点移到矩形中心
QBrush tbr(cg);    qp.setBrush(tbr);           // 声明渐变画刷
qp.drawEllipse(QPoint(0, 0), r, r);            // 绘制彩色圆轮
```

编译程序，成功后运行效果如图 11.12 所示。

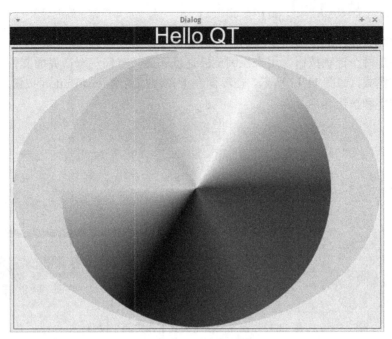

图 11.12　Qt 绘制彩色圆轮

11.3.2　Qt 简单动画

下面结合 QTimer 定时器实现一个简单的小动画。首先，在 dialog.h 文件中，在 Dialog 类定义的 private 行之前添加如下代码。

```
double fa;                          // 偏移角度
public slots:
    void mytimer();                 // 定时器槽函数
```

添加完代码后，右击 mytimer 函数，弹出快捷菜单，选择"Refactor"菜单中的"在 dialog.cpp 添加函数定义"选项。在 dialog.cpp 文件中包含 QTimer 头文件。在 Dialog 类的构造函数中，添加如下代码。

```
    fa = 0.0;                       // 初始角度为0
QTimer *timer = new QTimer(this);   // 声明一个定时器
                                    // 定时器超时，信号连接到槽函数mytimer
    connect(timer, SIGNAL(timeout()), this, SLOT(mytimer()));
    timer->start(10);               // 启动定时器，定时周期为10ms
```

在 dailog.cpp 的 mytimer 函数定义中，添加如下代码。

```
    fa += 1.0;
    if (fa >= 360)
        fa = 0;
    update();
```

修改 dialog.cpp 中 paintEvent 函数的渐变代码，将渐变绘制偏移角度由 0 改为变量 fa。

```
    QConicalGradient cg(0, 0, fa);              // 声明锥形渐变对象
```

编译并运行程序，观察窗口中间的彩色圆轮是否能够连续旋转起来。

最后，添加两个控制按钮，用来控制旋转速度和旋转方向。双击界面文件下的 dialog.ui，进入界面设计模式，如图 11.13 所示，在界面左上角添加两个 PushButton 按钮，并分别设置两个按钮上的文字和按钮名称。

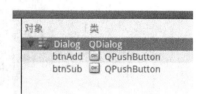

图 11.13　在界面编辑模式下添加两个按钮

右击按钮，在弹出的快捷菜单中选择"转到槽"选项。选择 clicked 信号，为两个按钮添加按钮的点击信号处理函数。打开 dialog.h 文件，在 public 行下方添加一个 double 类型变量，名称为 sp。添加的函数和变量如图 11.14 所示。

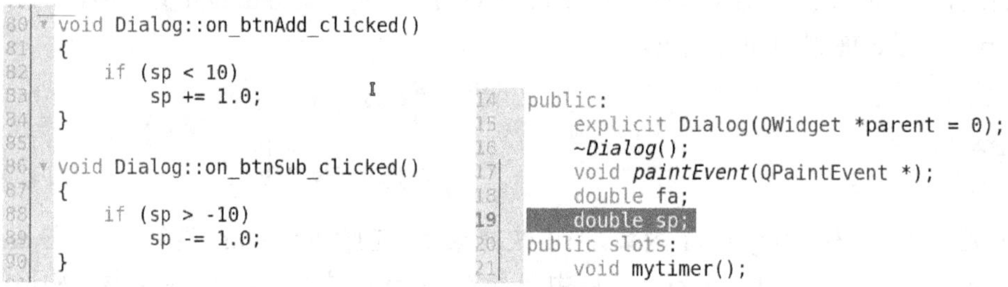

```
void Dialog::on_btnAdd_clicked()
{
    if (sp < 10)
        sp += 1.0;
}

void Dialog::on_btnSub_clicked()
{
    if (sp > -10)
        sp -= 1.0;
}
```

```
public:
    explicit Dialog(QWidget *parent = 0);
    ~Dialog();
    void paintEvent(QPaintEvent *);
    double fa;
    double sp;
public slots:
    void mytimer();
```

图 11.14　添加槽函数和成员变量

在 dialog.cpp 的 Dialog 构造函数中添加一行代码，设置变量 sp 初值为 1.0，然后修改 mytimer 函数中代码如下：

```
void Dialog::mytimer() {
    fa += sp;
    if (fa >= 360)
        fa = 0;
    if (fa < 0)
        fa = 360;
    update();
}
```

编译并运行程序，测试两个按钮的功能，能实现圆轮的正转与反转即表示测试成功。

11.4　实践练习

11-1　练习并测试本章的示例程序。

11-2　使用定时器与绘图功能，设计一个秒表程序，提供"开始""暂停""计数""重置"功能，程序界面可参考手机上的秒表程序。

11-3　结合定时器与绘图功能，设计一个图形显示的流水灯动画演示程序，要求至少有 3 种效果，提供"模式选择"（Combo Box）、"启动""暂停"等功能。

第 12 章

嵌入式数据库 SQLite 应用

12.1　背景知识

随着计算机技术与其他学科的不断交融渗透，数据库应用的范围更加深入和具体。那些仅适用于 PC、体积庞大、延时较长的数据库技术已经不能满足嵌入式系统的开发需求。嵌入式数据库是轻量级的，具有独立的库，没有服务器组件，它无须管理，代码尺寸以及资源需求较小。嵌入式数据库与传统数据库的区别如下：嵌入式数据库采用程序方式直接驱动，而传统数据库采用引擎响应方式驱动；嵌入式数据库的体积通常比较小，而且具备功能齐全、可移植性强、健壮等特点，因此嵌入式数据库常常应用在移动设备或嵌入式电子系统上。另外，由于其性能卓越，也应用于高性能数据处理场合中。

嵌入式数据库包括 Berkeley DB、Couchbase Lite、LevelDB、UnQLite、eXtremeDB 和 SQLite 等，其中 Berkeley DB 和 SQLite 较为常见。

Berkeley DB（BDB）是一个高效的嵌入式数据库编程库，C 语言、C++、Java、Perl、Python、TCL 以及其他语言都有其对应的 API。Berkeley DB 支持数千并发线程同时操作数据库，支持最大 256TB 的数据，广泛用于各种操作系统，其中包括大多数类 UNIX 操作系统、Windows 操作系统以及嵌入式实时操作系统。要注意的是，Berkeley DB 不是关系型的数据库，不能应用标准的 SQL 语句对数据库进行操作，对它的操作要调用专用的 API 实现。

12.1.1　SQLite

SQLite 是一款轻型的关系型数据库管理系统，它是 D.R.Hipp 用 C 语言编写的开源嵌入式数据库引擎，包含在一个相对小的 C 库中。SQLite 的设计目标是嵌入式的，而且目前已经在很多嵌入式产品中使用了，其占用资源非常少，在嵌入式设备中，可能只需要几百千字节的内存就足够了。SQLite 支持的系统包含 Windows、Linux/UNIX、Android、iOS 等主流的桌面和移动平台操作系统，同时能够和很多程序语言相结合，如 TCL、C#、PHP、Java 等。比起 MySQL、PostgreSQL 这两款开源的著名数据库管理系统而言，SQLite 的处理速度更快。SQLite 主要版本为 2004 年发布的 SQLite3，至今仍然不断有小版本更新。

　　SQLite 不支持静态数据类型，而是使用列关系。这意味着它的数据类型不具有表列属性，而具有数据本身的属性。当某个值插入数据库时，SQLite 将检查它的类型。如果该类型与关联的列不匹配，则 SQLite 会尝试将该值转换成列类型。如果不能转换，则该值将作为其本身具有的类型存储。SQLite 支持 NULL、INTEGER、REAL、TEXT 和 BLOB 数据类型。尽管简单性是 SQLite 追求的首要目标，但是其功能和性能都非常出色，它具有下列特性。

① 支持 ACID 事务（ACID 是 Automic、Consisten、Isolated 和 Durable 的缩写）。
② 零配置，不需要任何管理性的配置过程。
③ 支持 SQL92 标准。
④ 所有数据存放在单独的文件中，支持的最大文件可达 2TB。
⑤ 数据库可以在不同字节的机器间共享。
⑥ 体积小。
⑦ 系统开销小，检索效率高。
⑧ 简单易用的 API 接口。
⑨ 可以和 TCL、Python、C/C++、Java、Ruby、Lua、Perl、PHP 等多种语言绑定。
⑩ 自包含，不依赖于外部支持。
⑪ 良好注释的代码。
⑫ 代码测试覆盖率高达 95%以上。
⑬ 开放源码，可用于任何合法途径。

12.1.2　SQL

　　SQL 是一门 ANSI 的标准计算机语言，用来访问和操作数据库系统。SQL 语句用于取回和更新数据库中的数据。SQL 可与数据库程序协同工作，如 MS Access、MS SQL Server、Oracle、MySQL、SQLite 及其他数据库系统。

1．关系数据库管理系统

　　关系数据库管理系统（RDBMS）是 SQL 的基础，同样也是所有现代数据库系统的基础。RDBMS 中的数据存储在被称为表（tables）的数据库对象中。一个数据库通常包含一个或多个表。表是相关的数据项的集合，它由列和行组成。每个表有一个名称标识（如"客户"或者"订单"）。表包含带有数据的记录（行）。表 12.1 就是一个名为"学生成绩"的表。

表 12.1　"学生成绩"表

学　号	姓　名	班　级	实验 1	实验 2	实验 3	实验 4	实验 5	平时成绩	测试成绩
14041733	徐一	14042012	C	A-	A	A	A	B	C
14045101	陈三	14042211	A	A	A	B	A	B	D
14045102	张三	14042211	A	A	B	B	A	B	D
14045103	李四	14042211	A	A	B	B	A	B	C

　　上面的表中包含了四条记录（每一条记录对应一个人）和十个列（学号、姓名、班级和七个成绩）。

2. SQL 语句

通常可以把 SQL 分为两部分：数据操作语言（DML）和数据定义语言（DDL）。

SQL 是用于执行查询的语法。但是 SQL 也包含用于更新、插入和删除记录的语法。

SQL 的数据定义语言主要包括数据库的创建、表的创建和删除等语句。

① CREATE DATABASE：创建新数据库。

② CREATE TABLE：创建新表。

③ DROP TABLE：删除表。

④ CREATE INDEX：创建索引（搜索键）。

⑤ DROP INDEX：删除索引。

SQL 的数据操作语言主要包括查询和更新语句，这也是 SQL 最重要的几个语句。

① SELECT：从数据库表中获取数据。

② UPDATE：更新数据库表中的数据。

③ DELETE：从数据库表中删除数据。

④ INSERT INTO：向数据库表中插入数据。

1）SELECT 语句

SELECT 语句用于从表中选取数据，查询结果被存储在一个结果表中（称为结果集）。SQL 的 SELECT 语法如下所示。

```
SELECT * FROM 表名称；
SELECT 列名称 FROM 表名称；
```

如果要从某一列中列出唯一不同的值，则可以使用 SELECT DISTINCT 语句，如对于表 12.1 所示的"学生成绩"表，如果要列出所有的班级，可以使用如下语句：

```
SELECT DISTINCT 班级 FROM 学生成绩；
```

2）WHERE 子句

如需有条件地从表中选取数据，可按照如下语法将 WHERE 子句添加到 SELECT 语句中：

```
SELECT 列名称 FROM 表名称 WHERE 列 运算符 值；
```

WHERE 子句中可使用的运算符如表 12.2 所示。

表 12.2　WHERE 子句可用运算符

运　算　符	描　　述
=	等于
!= 或 <>	不等于
>	大于
<	小于
>=	大于等于
<=	小于等于
BETWEEN	在某个范围内
LIKE	按某种模式过滤结果

要注意的是，SQL 使用单引号来环绕文本值（大部分数据库系统也接受双引号），数值不能使用引号。以下几个例子演示了 WHERE 子句的条件查询功能。

```
select * from 学生成绩 WHERE 实验1="A";
select * from 学生成绩 WHERE 测试成绩 BETWEEN 'A' AND 'C';
```

在 WHERE 子句中，如果需要使用多个条件对查询结果进行过滤，则可能会用到 AND 和 OR 运算符。AND 和 OR 可在 WHERE 子语句中把两个或多个条件结合起来，当有多个条件，并且进行复杂组合时，还可以使用圆括号进行条件组合。

如果第一个条件和第二个条件都成立，则 AND 运算符显示一条记录。

如果第一个条件和第二个条件中只要有一个成立即可，则 OR 运算符显示一条记录。

3）LIKE 操作符

LIKE 操作符用于在 WHERE 子句中按某种模式过滤结果。LIKE 操作符使用时语法如下：

```
SELECT * FROM 表名称 WHERE 列名 LIKE 模式;
SELECT 列名称 FROM 表名称 WHERE 列名 LIKE 模式;
```

例如，使用以下 SQL 语句从"学生成绩"表中列出所有姓名带"三"的记录。

```
SELECT * FROM 学生成绩 WHERE 姓名 LIKE '%三%';
```

4）ORDER BY 语句

ORDER BY 语句用于根据指定的列对结果集进行排序，且默认按照升序对记录进行排序。如果希望按照降序对记录进行排序，则可以在末尾使用 DESC 关键字。例如，将"学生成绩"表中的所有记录按测试成绩由大到小进行排序，可以使用如下 SQL 语句。

```
select * from 学生成绩 order by 测试成绩 desc;
```

查询结果如表 12.3 所示。

表 12.3　查询结果排序

学号	姓名	班级	实验 1	实验 2	实验 3	实验 4	实验 5	平时成绩	测试成绩
14045101	陈三	14042211	A	A	A	B	A	B	D
14045102	张三	14042211	A	A	B	B	A	B	D
14041733	徐一	14042012	C	A-	A	A	A	B	C
14045103	李四	14042211	A	A	B	B	A	B	C

5）INSERT INTO 语句

NSERT INTO 语句用于向表格中插入新的行，使用时语法如下：

```
INSERT INTO 表名称 VALUES (值1, 值2,...);
INSERT INTO 表名称(列1, 列2,...) VALUES (值1, 值2,...);
```

例如，向"学生成绩"表中插入一行新的数据：

```
INSERT INTO 学生成绩 VALUES(14045104,'王五',14042211,
                    'A','A','B','A-','A','B','C');
```

6）UPDATE 语句

UPDATE 语句用于修改表中的数据，使用时语法如下：

```
UPDATE 表名称 SET 列名称 = 新值 WHERE 列名称 = 某值;
```

例如，将"学生成绩"表中姓名为张三的同学的平时成绩改为 A，可以使用以下 SQL 语句：

```
UPDATE 学生成绩 SET 平时成绩='A' WHERE 姓名='张三';
```

如果要同时修改多个列的内容，则可用英文逗号间隔开来。

7）DELETE 语句

DELETE 语句用于删除表中的数据，使用时语法如下：

```
DELETE FROM 表名称 WHERE 列名称 = 值;
```

如果想从"学生成绩"表中删除姓名为王五的某行记录，则可以使用以下 SQL 语句：

```
DELETE FROM 学生成绩 WHERE 姓名='王五';
```

12.1.3　SQLite 数据类型

通常，数据库的数据采用了固定的静态数据类型，而 SQLite 采用的是动态数据类型，会根据写入值来自动判断。SQLite 具有以下几种常用的数据类型。

（1）NULL：这个值为空值。

（2）VARCHAR(n)：长度不固定且其最大长度为 n 的字符串，n 不能超过 4000。

（3）CHAR(n)：长度固定为 n 的字符串，n 不能超过 254。

（4）INTEGER：值被标识为整数，依据值的大小可以依次被存储为 1、2、3、4、5 等。

（5）REAL：所有值都是浮点数值，被存储为 8 字节的 IEEE 浮点数。

（6）TEXT：值为文本字符串，使用数据库编码存储（UTF-8）。

（7）BLOB：值是 BLOB 数据块，以输入的数据格式进行存储。如何输入就如何存储，不改变格式。

（8）DATA：日期数据，包含了年份、月份、日期。

（9）TIME：时间数据，包含了小时、分钟、秒。

12.1.4　SQLite 接口函数

SQLite 有许多内置函数用于处理字符串或数字数据。下面列出了一些有用的 SQLite 内置函数。

1. 打开数据库

```
#include <sqlite3.h>
int sqlite3_open(const char *filename, sqlite3 **ppDb);
```

第一个参数是文件名。

第二个参数则是定义的 sqlite3 **结构体指针（关键数据结构），称为数据库句柄。

返回值：表示操作是否正确（SQLITE_OK，值为 0 表示操作正常）。

说明：打开一个数据库，文件名不一定存在，如果此文件不存在，则 SQLite 会自动创建。

2．关闭数据库

```
int sqlite3_close(sqlite3*);
```

此函数用到的参数是数据库句柄。

说明：如果用 sqlite3_open 开启了一个数据库，则操作结束时必须用这个函数关闭数据库。

3．执行 SQL 语句

```
int sqlite3_exec(sqlite3*, const char *sql, sqlite_callback,
                 void *, char **errmsg);
```

这个函数的功能是执行一条或者多条 SQL 语句，SQL 语句之间用 ";" 隔开。建议在执行一条或者多条 SQL 语句的时候，指定第三个参数回调函数，在回调函数中可以获得执行 SQL 的详细过程，如果所有 SQL 执行完毕则应该返回 0，否则，说明这次执行并没有完全成功。

通常，sqlite3_callback 和它后面的 void* 都可以填写 NULL，表示不需要回调。例如，进行 insert 操作与 delete 操作时，就没有必要使用回调。而当进行 select 操作时，就要使用回调，待 sqlite3 把数据查出来，必须通过回调把数据反馈给用户。

以上三个函数基本上能完成对 SQLite3 的所有操作，它们需要用到的头文件都为 sqlite3.h。

4．exec 的回调

如果需要处理 SQL 语句执行之后的结果，特别是 SELECT 一类的查询语句，那么需要编写回调函数，回调函数的声明格式如下所示。

```
typedef int (*sqlite3_callback)(void*, int, char**, char**);
```

例如：

```
int LoadMyInfo(void * para, int n_column, char ** column_value,
               char ** column_name)
```

参数 para 是在 sqlite3_exec 里传入的 void * 参数，通过 para 参数，可以传入带有控制功能的数据。

对于 SELECT 查询语句的执行，SQLite 每查到一条记录，就调用一次回调函数。

参数 n_column 表示当前这一条记录中有多少个字段（即这条记录有多少列）。

char ** column_value 是关键值，查出来的数据都保存在这里，它实际上是 1 维数组，每一个元素都是一个 char * 值，是一个字段内容（用字符串来表示，以\0 结尾）。

char ** column_name 和 column_value 是对应的，表示这个字段的字段名称。

5．取当前插入位置

```
long long int sqlite3_last_insert_rowid(sqlite3*);
```

此函数用于返回前一次插入的位置。sqlite3*为自己打开数据库所得到的句柄。

6. 非回调 select 查询

```
int sqlite3_get_table(sqlite3*, const char *sql, char ***resultp,
           int *nrow, int *ncolumn, char **errmsg);
```

此函数用于执行一次 SQL 语句，并返回得到的一个记录集。

说明：第三个参数是查询结果，它是一维数组，内存布局的第一行是字段名称，后面是每个字段的值。

7. 释放查询结果

```
void sqlite3_free_table(char **result);
```

此函数用于释放当前查询的记录集所占用的内存。

12.1.5　SQLite 数据库 C 语言编程

在 C 程序中应用 SQLite 数据库，通常包含打开、关闭、执行 SQL 语句三种操作。

打开或新建数据库通常使用以下两行代码，声明一个指针，然后打开指定名称的数据库：

```
sqlite3 *db;
sqlite3_open("test.db", &db);
```

关闭该数据库时，将 db 指针作为参数传给 sqlite3_close 函数：

```
sqlite3_close(db);
```

执行 SQL 语句时，如在数据库中创建一个名为 test_tb 的表，该表中有 id 和 data 两个字段，程序代码如下：

```
char sql[128];
memset(sql, '\0', 128);
sprintf(sql, "%s%s%s", "create table ", "test_tb",
        "(id INTEGER PRIMARY KEY, data TEXT)");
sqlite3_exec(db, sql, NULL, NULL, NULL);
```

打开数据库并且已经创建好要用到的表之后，即进行记录的查询、插入、删除和更新操作。程序 12.1 演示了对 test 数据库的一系列操作。

程序 12.1　SQLite 数据库应用示例

```
#include <stdio.h>
#include <stdlib.h>
#include <string.h>
#include <sqlite3.h>
int ncount = 0;
static int callback(void *arg, int coln, char **value, char **names) {
    int i;
    if(0 == ncount)  {
        for (i = 0; i < coln; ++i)
            printf("%s\t", names[i]);
```

```
            printf("\n");
        }
        for (i = 0; i < coln; ++i)
            printf("%s\t", value[i] ? value[i] : "NULL");
        printf("\n");
        ++ncount;
        return 0;
}
int main(int argc, char* argv[]) {
    int i;
    sqlite3 *db;
    char *sql;
    const char *drop_tb = "drop table if exists test_tb";
    const char *create_tb = "create table test_tb(id integer primary key, \
                    data TEXT)";
    /* 打开当前路径下的test.db数据库 */
    if(sqlite3_open("test.db", &db)) {
        printf("打开数据库失败！\n");
        exit(0);
    }
    /* 删除已有表 */
    sqlite3_exec(db, drop_tb, 0, 0, 0);
    /* 建立新表 */
    sqlite3_exec(db, create_tb, 0, 0, 0);
    /* 插入数据 */
    sql = malloc(1000);
    if (sql != NULL) {
        char buf[100];
        memset(sql, 0, 1000);
        for (i = 0; i < 10; ++i) {
            sprintf(buf, "insert into test_tb(data) values('%d');\n",
                    (i + 1) * (i + 1));
            strcat(sql, buf);
        }
        sqlite3_exec(db, sql, 0, 0, 0);
        free(sql);
    }
    /* 查询数据 */
    sqlite3_exec(db, "select * from test_tb", callback, 0, 0);
    /* 更新数据 */
    // ...
    /* 删除数据 */
    // ...
    /* 关闭数据库 */
    sqlite3_close(db);
    return 0;
}
```

从程序 12.1 中可以看到，test 数据库中新建了一个 test_tb 表，该表有两个字段（id 和 data）。其中 id 是 test_tb 表的索引主键，id 的字段类型是整型数据，data 的字段类型为文本，即以字符串形式存储。因此，在向 test_tb 表插入数据时，对主键 id 可以不赋值，id 会自增长，对 data 的值要使用单引号，表示一个字符串。程序 12.1 中的更新数据和删除数据操作没有演示，读者可以自行添加，编译运行的结果如图 12.1 所示。

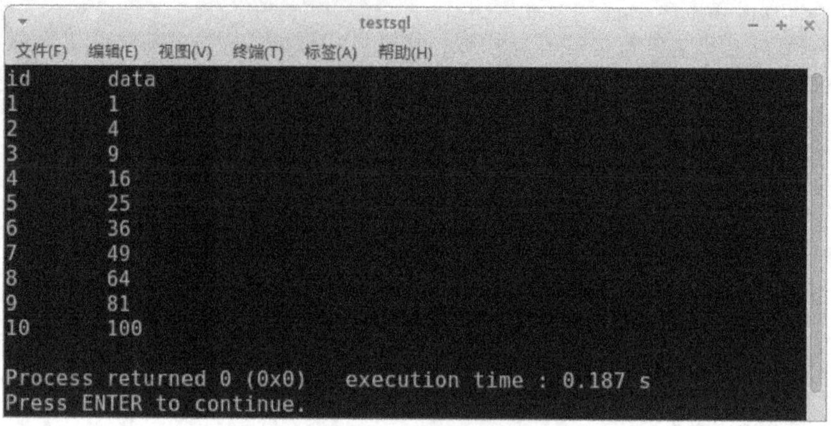

图 12.1　test 数据库操作结果

12.2　实践准备

12.2.1　预习要求

（1）了解嵌入式数据库 SQLite 的相关概念。
（2）了解 SQL 的相关语法。

12.2.2　实践目标

（1）熟悉 SQLite 嵌入式数据库的移植过程。
（2）熟悉 SQLite 嵌入式数据库的应用流程。

12.3　实践内容和步骤

12.3.1　SQLite 配置、编译与安装

（1）如图 12.2 所示，从 SQLite 官方网站（http://www.sqlite.org/download.html）下载 sqlite3 源码包，在下载页面中选择 sqlite-autoconf-3XXYYZZ.tar.gz 文件并下载，其中 3XXYYZZ 表示 SQLite 版本为 3.XX.YY.ZZ，如 SQLite3.17 的源码包文件名应该是 sqlite-autoconf-3170000.tar.gz。

（2）将下载的源码包放到用户根目录下，然后在终端中输入以下命令进行解压。

```
cd
tar zxvf sqlite-autoconf-3170000.tar.gz
```

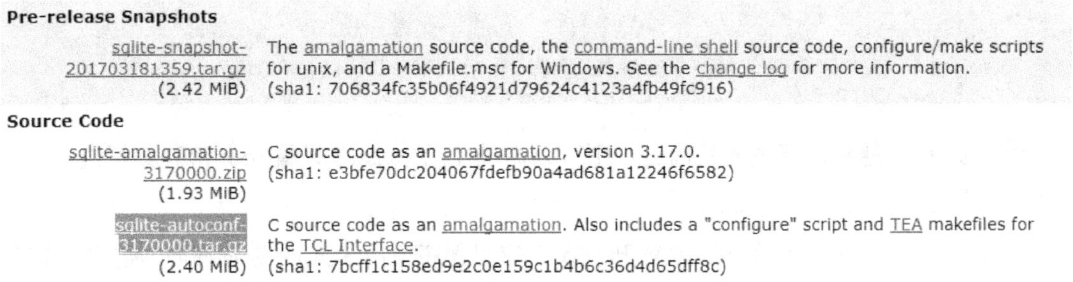
Pre-release Snapshots
sqlite-snapshot-201703181359.tar.gz
(2.42 MiB)
The amalgamation source code, the command-line shell source code, configure/make scripts for unix, and a Makefile.msc for Windows. See the change log for more information.
(sha1: 706834fc35b06f4921d79624c4123a4fb49fc916)
Source Code
sqlite-amalgamation-3170000.zip
(1.93 MiB)
C source code as an amalgamation, version 3.17.0.
(sha1: e3bfe70dc204067fdefb90a4ad681a12246f6582)
sqlite-autoconf-3170000.tar.gz
(2.40 MiB)
C source code as an amalgamation. Also includes a "configure" script and TEA makefiles for the TCL Interface.
(sha1: 7bcff1c158ed9e2c0e159c1b4b6c36d4d65dff8c)

图 12.2　SQLite 下载网站

解压成功后，在编译之前，还需要安装 libreadline 库，用以实现 sqlite3 按键盘上的上下方向键重现历史命令记录的功能，输入以下命令安装该库：

```
sudo apt-get install libreadline-dev
```

安装 libreadline 库成功后，再用 cd 命令跳转到刚生成的 sqlite-autoconf-3170000 子目录中，输入以下命令开始配置、编译、安装：

```
cd sqlite-autoconf-3170000
./configure
make
sudo make install
```

以上操作成功后，可以在终端中输入 sqlite3 命令查看当前虚拟机中的 SQLite3 是否安装成功，结果如图 12.3 所示。

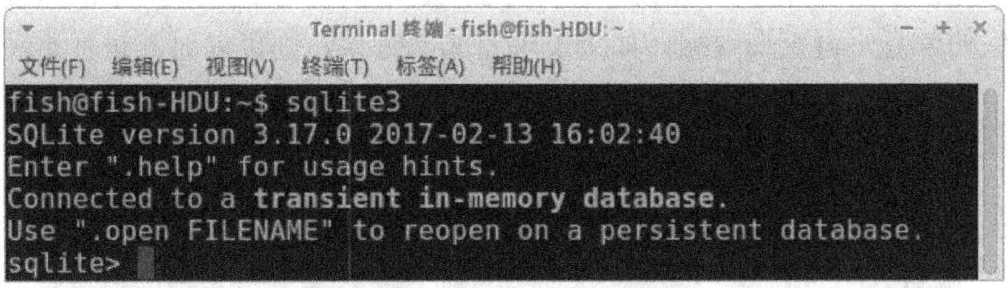
Terminal 终端 - fish@fish-HDU: ~
文件(F) 编辑(E) 视图(V) 终端(T) 标签(A) 帮助(H)
fish@fish-HDU:~$ sqlite3
SQLite version 3.17.0 2017-02-13 16:02:40
Enter ".help" for usage hints.
Connected to a transient in-memory database.
Use ".open FILENAME" to reopen on a persistent database.
sqlite>

图 12.3　PC 端 sqlite3 安装成功

sqlite3 命令显示了当前的 SQLite 版本信息后，启动了一个 Shell 程序，用户可以在该 Shell 程序中进行数据库管理及执行 SQL 语句。在该 Shell 程序中，可以输入“.help”查看帮助，输入“.exit”退出程序。

（3）准备移植 SQLite 到 ARM 开发板上，在 SQLite 的源码目录中打开终端，输入以下命令重新配置、编译和安装：

```
make clean
./configure --host=arm-linux --prefix=/opt/sqlite3
make
sudo make install
```

如果最后 intall 安装的时候报错找不到 arm-linux-ranlib 命令，则可以先用 su 命令切换为 root 账号，输入命令补上交叉编译器的安装路径（参见 1.3.4 小节），再次进行安装即可。

```
su
export PATH=$PATH:/opt/FriendlyARM/toolschain/4.4.3/bin
make install
```

如果 su 命令遇到认证失败的问题，则可以通过使用 passwd 设置 root 密码其解决。

```
sudo passwd root
```

交叉编译 SQLite 完成后，在 ARM 开发板上应用程序使用 SQLite 数据库时，需要将 SQLite 安装目录下的 lib 子目录（/opt/sqlite3/lib）中的所有文件复制到开发板的/usr/local/lib 目录中，如果要使用 Sqlite3 的 Shell 程序，可以把源码目录下编译出的 sqlite3 程序复制到开发板的/bin 目录中。复制完成后，在 ARM 开发板上运行 sqlite3 程序，如图 12.4 所示，输入".quit"或者".exit"退出该 Shell 程序。

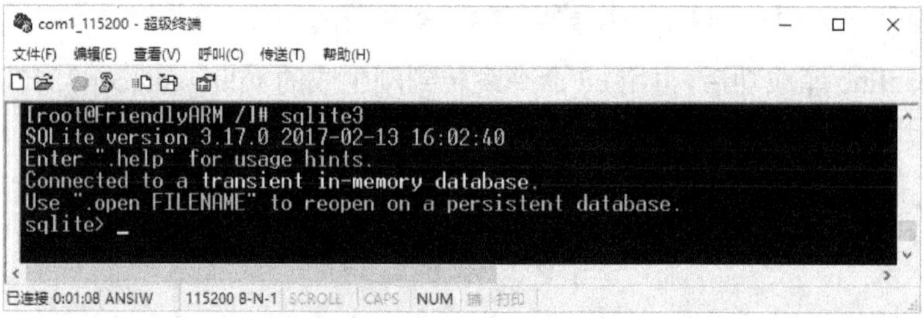

图 12.4　在 ARM 开发板上运行 sqlite3 程序

（4）启动 sqlite3 命令行程序后，用户可以直接在该程序中输入 SQL 命令来测试 SQLite 数据库，如图 12.5 所示，首先打开或创建 test.db 数据库，然后创建 students 表，插入表 12.1 中的四个学生的信息，再查询数据，如果发现有输入错误，则可以对其进行更新。

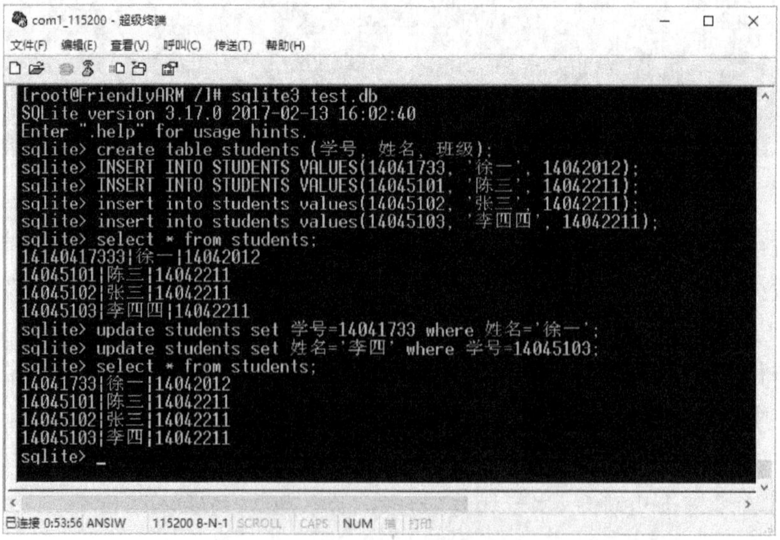

图 12.5　sqlite3 命令行程序测试

　　ARM 开发板测试 sqlite3 的命令行程序时，要注意其内部命令，如".help"".quit"，其后面不需要加分号，但是普通的 SQL 语句后要加上分号。

　　另一个问题是，在输入 SQL 语句时如果不小心输入错误，在使用退格键删除错误时，可能会无法删除，反而出现'^H'字符，对这种情况可以先退出 sqlite3（出错时按 Ctrl + D 组合键），然后在终端下输入命令设置^H 为退格键功能。

```
stty erase ^H
```

　　该方法可以暂时解决退格删除字符的问题，但是重启开发板后需要再次设置，而且该方法不能解决方向键失效的问题。

12.3.2　SQLite 简单应用示例 1

　　（1）如果不使用集成开发环境，直接在终端下编译程序 12.1（文件名 main.c），则可以使用如下命令编译 PC 版本的程序，"-lsqlite3"表示链接使用 sqlite3 动态库。

```
gcc -o test main.c -lsqlite3
```

　　编译开发板目标程序时需要指定编译器包含目录和链接器引用目录，即：

```
arm-linux-gcc -o testsql main.c -I /opt/sqlite3/include/  -L
/opt/sqlite3/lib/ -lsqlite3
```

　　（2）在 Code::Blocks 中编译程序，需要对编译器选项进行配置。启动 Code::Blocks 后，在主界面中选择"Settings"菜单中的"Compiler…"选项，弹出编译器选项对话框，选择"GNU GCC Compiler for ARM"编译器，再选择"Search directories"选项卡，如图 12.6 所示。在该页面中，"Compiler"编译器的搜索目录如图 12.6 所示，添加 SQLite 交叉编译后的安装目录下的 include 子目录所在路径，如图 12.7 所示，"Linker"的搜索目录也要添加安装目录下的 lib 子目录所在路径，修改完之后，单击"确定"按钮进行保存。

图 12.6　添加 ARM 编译器包含目录

图 12.7　添加链接器搜索库目录

在 Code::Blocks 中建立工程后，除了修改 main.c 程序代码之外，还要对工程的编译选项进行设置。选择 "Project" 菜单中的 "Build Options…" 选项，弹出编译选项对话框，如图 12.8 所示。要编译 ARM 开发板目标程序，应将 Release 版本的编译器改为 "GNU GCC Compiler for ARM"，如图 12.8 所示，在链接器选项组中添加 sqlite3 链接库。

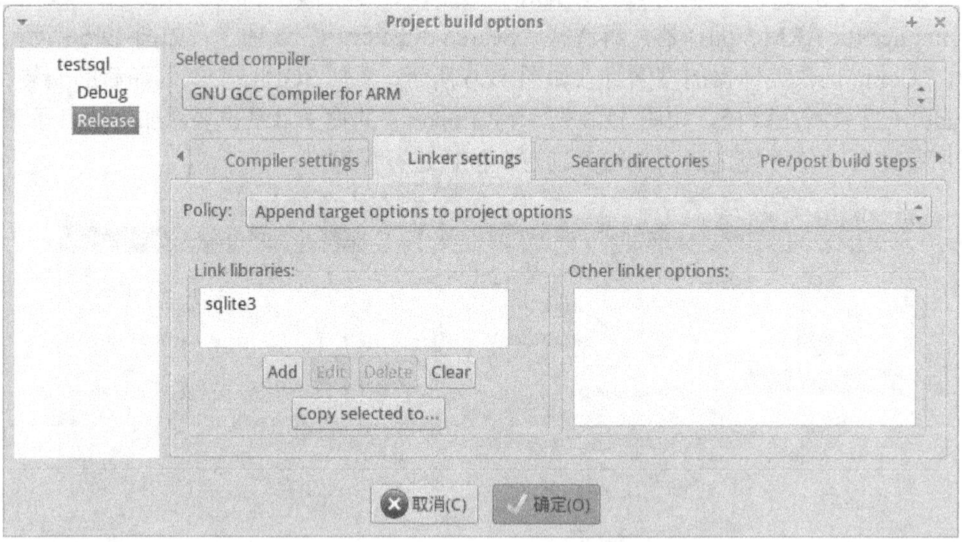

图 12.8　Release 版本工程编译选项设置

Debug 版本的编译器选项保持为 GCC 编译器，同样添加 sqlite3 链接库。确定保存后，编译运行 Debug 版本程序，结果如图 12.1 所示。选择 Release 版本进行编译，成功后将 testsql 程序导入 ARM 开发板，观察运行结果，其应该和 Debug 版本程序一致。

12.3.3　SQLite 简单应用示例 2

设计一个 SQLite 应用程序 stu_man，启动并打开 test.db 程序后，显示功能菜单提示用户选择操作：①输入学生信息；②输入学生成绩；③打印学生成绩；④退出程序。

设计该程序用到两个数据表，一个为 students 表，结构如图 12.5 所示，包含'学号'、'姓名'和'班级'共 3 个字段；一个为 score 表，包含'学号'、'实验 1'、'实验 2'、'实验 3'、'实验 4'、'实验 5'、'平时成绩'和'测试成绩'共 8 个字段。因为 SQLite 支持动态数据类型，所以在创建这两个表时，可以使用如下 SQL 语句：

```
create table students(学号, 姓名, 班级);
create table score(学号, 实验1, 实验2, 实验3, 实验4, 实验5, 平时成绩, 测试成绩);
```

而向表中插入数据时，为了方便程序生成 SQL 语句，可以简单地把所有输入内容都用单引号括起来，生成的 SQL 语句如下。

```
insert into students values('14041733','徐一', '14042011');
insert into score values('14041733','C','A','A','A','A','B','C')
```

最后，当查询学生成绩，并打印生成如表 12.1 所示的成绩单时，查询的 SQL 语句需要用到 inner join 关键字，将 students 表和 score 表连接起来查询，查询语句如下。

```
select students.学号, students.姓名, students.班级, score.实验1, score.实验
2, score.实验3, score.实验4, score.实验5, score.平时成绩, score.测试成绩 from students
inner join score on students.学号=score.学号;
```

上述查询语句将两个表联合起来查询并去除不符合条件（on 之后的等式即为比较条件）的结果项。整个程序的示例代码如程序 12.2 所示，测试结果如图 12.9 所示。

程序 12.2　stu_man.c 示例代码

```c
#include <stdio.h>
#include <stdlib.h>
#include <string.h>
#include <sqlite3.h>
int ncount = 0;
static int callback(void *arg, int coln, char **value, char **names) {
    int i;
    if(0 == ncount) {// 打印表头
        for (i = 0; i < coln; ++i)
            printf("%s|", names[i]);
        printf("\n");
    }
    for (i = 0; i < coln; ++i)
        printf("%s|", value[i] ? value[i] : "NULL");
    printf("\n");
    ++ncount;
    return 0;
}
```

```c
int main(int argc, char* argv[]) {
    int i, rc, brun = 1;
    sqlite3 *db;
    const char *create_students = "create table students(学号, 姓名, 班级)";
    const char *create_score = "create table score(学号, 实验1, 实验2, \
                        实验3, 实验4, 实验5, 平时成绩, 测试成绩)";
    if(sqlite3_open("test.db", &db)) { // 打开当前路径下的test.db数据库
        printf("打开数据库失败！\n");
        exit(0);
    }
    // 判断表是否存在
    rc = sqlite3_exec(db, "select count(*) from students", 0, 0, 0);
    if (rc != SQLITE_OK) // 没有则创建新表
        sqlite3_exec(db, create_students, 0, 0, 0);
    rc = sqlite3_exec(db, "select count(*) from score", 0, 0, 0);
    if (rc != SQLITE_OK)
        sqlite3_exec(db, create_score, 0, 0, 0);
    while (brun) {
        char buf[512], sql[512], *pos = NULL;
        printf("1 输入学生信息\t2 输入学生成绩\t3 打印学生成绩\t4 退出程序.\n");
        printf("请输入数字选择对应的操作："); fflush(stdout);
        scanf("%d", &rc); getchar();
        switch(rc) {
            case 1:
            printf("请以英文逗号分隔输入学号、姓名和班级信息（直接输入回车返回）:\n");
                while (fgets(buf, 512, stdin)) {
                    if (strcmp(buf, "\n") == 0)    break; // 判断为空行则退出
                    buf[strlen(buf) - 1] = '\0';
                    i = 1;
                    sprintf(sql, "insert into students values('\0");
                    pos = strtok(buf, ",");
                    while (pos != NULL) {
                        strcat(sql, pos);
                        pos = strtok(NULL, ",");
                        if (NULL == pos) break;
                        strcat(sql, "','");
                        ++i;
                    }
                    strcat(sql, "')");
                    if (i == 3) { // 只有三项输入才是正确格式
                        if (sqlite3_exec(db, sql, 0, 0, 0) != SQLITE_OK)
                        printf("保存输入信息失败！\n");
                        else
                        printf("输入成功！\n");
                    }
```

```
                    memset(buf, 0, 512);
                }
            case 2:
printf("请以英文逗号分隔输入学号、5次实验成绩、平时成绩和测试成绩（直接输入回车返回）：
        \n");
                while (fgets(buf, 512, stdin)) {
                    if (strcmp(buf, "\n") == 0)     break;  // 空行退出
                    buf[strlen(buf) - 1] = '\0';
                    i = 1;
                    sprintf(sql, "insert into score values('\0");
                    pos = strtok(buf, ",");
                    while (pos != NULL) {
                        strcat(sql, pos);
                        pos = strtok(NULL, ",");
                        if (NULL == pos) break;
                        strcat(sql, "','");
                        ++i;
                    }
                    strcat(sql, "')");
                    if (i == 8) {
                        if (sqlite3_exec(db, sql, 0, 0, 0) != SQLITE_OK)
                         printf("保存输入信息失败! \n");
                        else
                         printf("输入成功! \n");
                    }
                    memset(buf, 0, 512);
                }
                break;
            case 3:
                ncount = 0;
        sqlite3_exec(db,"select students.学号,students.姓名,students.班级, \
                score.实验1, score.实验2, score.实验3, score.实验4, \
                score.实验5, score.平时成绩,score.测试成绩 from students \
            inner join score on students.学号=score.学号", callback,0,0);
                break;
            case 4:
                brun = 0;
                break;
        }
    }
    sqlite3_close(db);     //关闭数据库
    return 0;
}
```

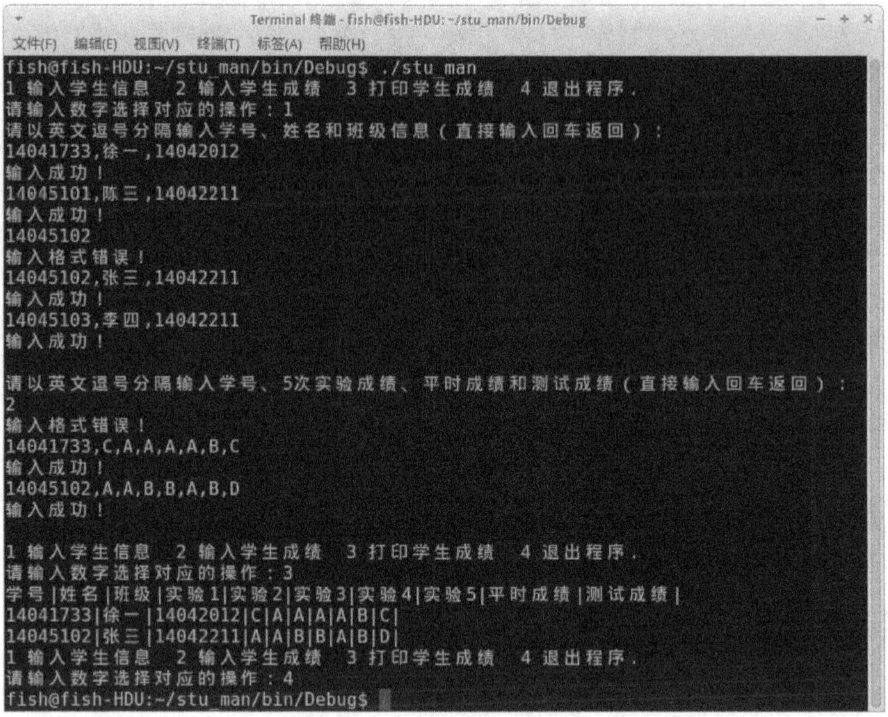

图 12.9　stu_man 程序测试结果

12.4　实践练习

12-1　在虚拟机或 ARM 开发板上练习并测试本章的示例程序。

12-2　在程序 12.2 的基础上添加学生信息的修改、删除和学生成绩的修改、删除功能，并实现指定姓名或学号的学生成绩查询功能。

第 13 章

嵌入式 Web 服务器应用

13.1 背景知识

随着网络技术的迅猛发展，在嵌入式设备的管理和交互中，基于 Web 方式的应用成为目前的主流，用户可以直接通过远程登录的方式对设备进行管理和维护，大大方便了使用性。现在嵌入式设备中所使用的 Web 服务器主要有：Boa、Thttpd、Mini_httpd、Shttpd、Lighttpd、Goaheand、Appweb 和 Apache 等。下面主要比较 Boa、Thttpd、Lighttpd 等 Web Server 的特点。本书采用 Boa 来完成实践训练。

1. Boa

Boa 诞生于 1991 年，作者为 Paul Philips。作为开源 Web Server，其应用很广泛，特别适用于嵌入式设备，网上流行程度很广。Boa 是最受欢迎的嵌入式 Web 服务器之一，它功能较为强大，支持认证等。Boa 是一个单任务的 HTTP Server，它不像传统的 Web 服务器那样为每个访问连接开启一个进程，也不会为多个连接开启多个自身的复制。Boa 对所有活动的 HTTP 连接在内部进行处理，而且只为每个 CGI 连接（独立的进程）开启新的进程。因此，Boa 在同等硬件条件下显示出更快的速度。Boa 官方网站为 www.boa.org。

Boa 与 Apache 等高性能 Web 服务器的主要区别如下：它是单一进程的服务器，只有在完成一个用户请求后才能响应另一个用户的请求，无法并发响应，但这在嵌入式设备的应用场合里已经足够了。Boa 指不被恶意用户暗中破坏，而不是指它有很好的访问控制和通信加密功能。可以添加 SSL 来保证数据传输中的保密和安全。

Boa 已从 0.90 发展到现在的版本 0.94。Boa 资源需求少，内存需求非常少，能耗小，特别适用于嵌入式市场。Boa 的功能与特点如下。

（1）支持 HTTP / 1.0（部分支持 HTTP / 1.1）。

（2）支持 CGI / 1.1，编程语言除了 C 语言之外，还支持 Python、Perl、PHP，但对 PHP 没有直接支持，没有 mod_perl、mod_snake、mod_python 等。

（3）Boa 支持 HTTP 认证，但不支持多用户认证。

（4）它可以配置成 SSL/HTTPS 和 IPv6。

（5）支持虚拟主机功能。

2. Thttpd

Thttpd 是 ACME 公司设计的一款比较精巧的开源 Web 服务器。其初衷是提供一款简单、小巧、易移植、快速和安全的 HTTP 服务器，而实际上，Thttpd 也确实是这样一款服务器。它是在 UNIX 系统上运行的二进制代码程序，仅仅 400K 左右，在同类 Web 服务器中应该是相当精巧的。在可移植性方面，它能够在几乎所有的 UNIX 和已知的操作系统上编译及运行。Thttpd 在默认的状况下，仅运行于普通用户模式下，从而能够有效地杜绝非授权的系统资源和数据的访问，同时通过扩展它也可以支持 HTTPS、SSL 和 TLS 安全协议。Thttpd 全面支持 IPv6 协议， 并且具有独特的 Throttling 功能，可以根据需要限制某些 URL 和 URL 组的服务输出量。此外，Thttpd 全面支持 HTTP 1.1 协议（RFC 2616）、CGI 1.1、HTTP 基本验证（RFC2617）、虚拟主机及支持大部分的服务器端嵌入（Server Side Include，SSI）功能，并能够采用 PHP 脚本语言进行服务器端 CGI 的编程。

Thttpd 是一个非常小巧的轻量级 Web Server，它非常简单，对于并发请求并不使用 fork() 来派生子进程，而是采用多路复用技术来实现，因此其效能很好。对于小型 Web Server 而言，速度快似乎是一个代名词。因为其资源占用少的缘故，Thttpd 至少和主流的 Web Server 一样快，而且在高负载下速度更快。Thttpd 的版本已从 1.90a 发展到 2.25b，使用内存很少，其特点与功能如下。

（1）它能够支持 HTTP / 1.1 协议标准。

（2）它具有非常少的运行时间，因为它不使用 fork 子进程来接收新请求，并且非常谨慎地分配内存。

（3）它能够在大部分的类 UNIX 系统上运行，包括 FreeBSD、SunOS 4、Solaris 2、BSD/OS、Linux、OSF 等。

（4）它的速度要超过主流的 Web 服务器（Apache、NCSA、Netscape），在高负载情况下，它要快得多。

它努力地保护主机不受到攻击，不中断服务器。

3. Lighttpd

Lighttpd 是一个由德国人领导开发的开源软件。其根本目的是提供一个专门针对高性能网站，安全、快速、兼容性好并且灵活的 Web Server 环境。Lighttpd 具有非常低的内存开销，CPU 占用率低，效能好，具有丰富的模块等。Lighttpd 是众多开源的轻量级的 Web Server 中较为优秀的一个，它具有 FastCGI、CGI、Auth、输出压缩、URL 重写、Alias 等功能。在 Lighttpd 上很多功能有相应的实现，这点对于 Apache 的用户而言是非常重要的，因为用户采用 Lighttpd 时必须面对功能是否全面的问题。Apache 的主要问题是密集并发下，不断地调用 fork() 和切换，以及较高（相对于 Lighttpd 而言）的内存占用，而使系统的资源几尽枯竭。而 Lighttpd 采用了 Multiplex 技术，代码经过优化，体积非常小，资源占用率很小，反应速度相当快。Lighttpd 利用了 Apache 的 rewrite 技术，将繁重的 cgi/fastcgi 任务交给 Lighttpd 来完成，充分利用两者的优点，使服务器的负载下降了一个数量级，反应速度提高了一个甚至两个数量级。Lighttpd

适用于静态资源类的服务，如图片、资源文件、静态 HTML 等应用，也适用于简单的 CGI 应用的场合，Lighttpd 可以很方便地通过 fastcgi 支持 PHP。

4．CGI

通用网关接口（Common Gateway Interface，CGI）是 WWW 中最重要的技术之一，有着不可替代的重要地位。CGI 是外部应用程序（CGI 程序）与 Web 服务器之间的接口的标准，是在 CGI 程序和 Web 服务器之间传递信息的过程。CGI 规范允许 Web 服务器执行外部程序，并将它们的输出发送给 Web 浏览器，CGI 将 Web 的一组简单的静态超媒体文档变成一个完整的新的交互式媒体。CGI 在物理上是一段程序，运行在服务器上。CGI 可以用任何一种语言编写，只要这种语言具有标准输入、输出和环境变量即可，如 Perl、C、C++、Shell 等。本章选用 C 语言实现 CGI 脚本程序。

13.2　实践准备

13.2.1　预习要求

（1）了解嵌入式 Web Server 的结构与特点。
（2）了解网络 CGI 与 HTML 编程。

13.2.2　实践目标

（1）熟悉 Boa 的移植、配置与编译过程。
（2）熟悉 ARM 开发板 CGI 程序开发过程。

13.2.3　准备材料

（1）Mini2451 开发板。
（2）串口线、网线和路由器或交换机。

将开发板和 PC 通过网线接入同一个路由器或交换机组成局域网，同时开发板串口连接 PC，以输入命令查看信息。

13.3　实践内容和步骤

13.3.1　Boa Web Server 的移植

（1）从 Boa 网站（www.boa.org）下载源码包，将其放到用户根目录下。打开一个终端，输入以下命令解压源码：

```
tar zxvf boa-0.94.13.tar.gz
```

解压之后的源码目录内容如图 13.1 所示。

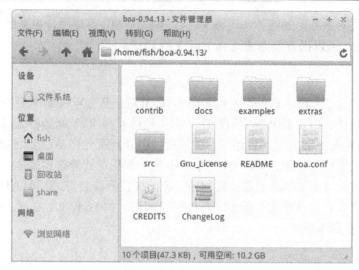

图 13.1　Boa 工程目录

（2）准备编译 Boa。在编译 Boa 之前，需要修改几个地方，否则会出现编译错误。首先，需要检查 Host PC Linux 下是否安装了 bison 和 flex，如果没有安装，则采用以下命令来安装。

```
sudo apt-get install bison
sudo apt-get install flex
```

其次，需要在 defines.h 文件中确定是否定义了 SERVER_ROOT 宏，如果有则不需要修改，没有则按图 13.2 在该文件中添加宏定义。一般而言，Boa 的配置文件 boa.conf 必须放在 SERVER_ROOT 目录下（一般为/etc/boa/目录）。

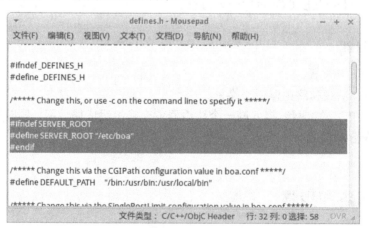

图 13.2　SERVER_ROOT 宏定义

从图 13.2 可以看出，SERVER_ROOT 是有定义的，因此不必再修改代码。下面就是配置文件的修改，这里主要修改 src 目录下的 Makefile.in 文件，参照图 13.3 进行修改即可。

注意：图 13.3 所示的选中的部分都需要修改，修改完 Makefile.in 文件之后即可开始编译。如果编译后出现错误，则如图 13.4 所示。

```
# Change these if necessary
YACC = bison -y
LEX = flex
CC = arm-linux-gcc
CPP = arm-linux-g++  -E
AR = arm-linux-ar
LD = arm-linux-ld
STRIP = arm-linux-strip

SOURCES = alias.c boa.c buffer.c cgi.c cgi_header.c config.c escape.c \
      get.c hash.c ip.c log.c mmap_cache.c pipe.c queue.c read.c \
      request.c response.c select.c signals.c util.c sublog.c

OBJS = y.tab.o lex.yy.o $(SOURCES:.c=.o) timestamp.o

all:  boa boa_indexer

boa:     $(OBJS)
      $(CC) -o $@ $^ $(LDFLAGS) $(LIBS)
      $(STRIP) boa

boa_indexer:     index_dir.o escape.o
      $(CC) -o $@ $^ $(LDFLAGS) $(LIBS)
      $(STRIP) boa_indexer
```

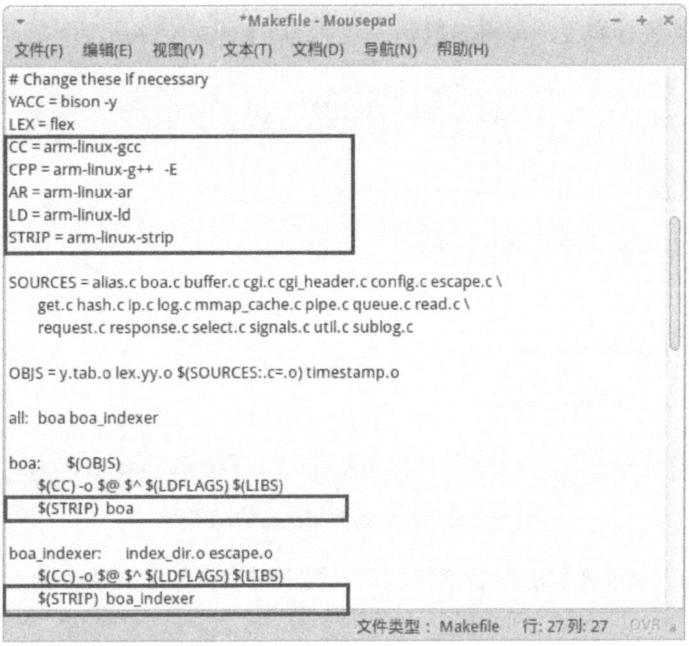

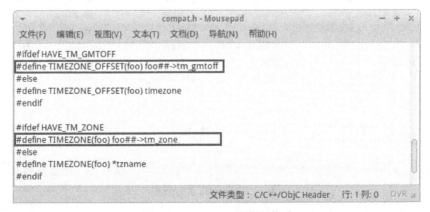

图 13.3　Makefile.in 文件修改

```
request.c:84: warning: pointer targets in passing argument 3 of 'accep
t' differ in signedness
/opt/FriendlyARM/toolschain/4.4.3/arm-none-linux-gnueabi//sys-root/usr
/include/sys/socket.h:214: note: expected 'socklen_t * __restrict__' b
ut argument is of type 'int *'
arm-linux-gcc -g -O2 -pipe -Wall -I.   -c -o response.o response.c
arm-linux-gcc -g -O2 -pipe -Wall -I.   -c -o select.o select.c
arm-linux-gcc -g -O2 -pipe -Wall -I.   -c -o signals.o signals.c
arm-linux-gcc -g -O2 -pipe -Wall -I.   -c -o util.o util.c
util.c:100:1: error: pasting "t" and "->" does not give a valid prepro
cessing token
make: *** [util.o] 错误 1
fish@fish-HDU:~/boa-0.94.13/src$
```

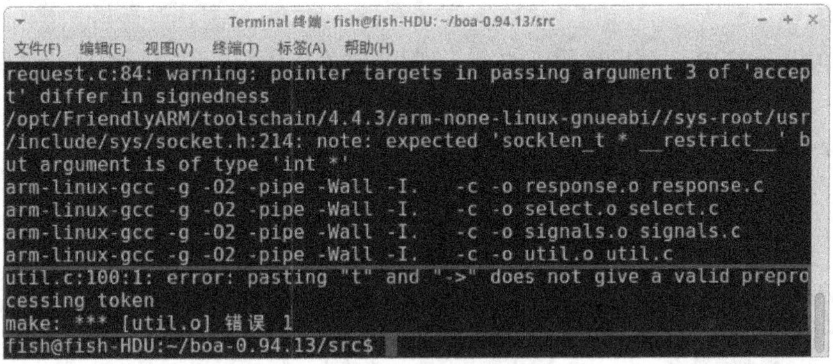

图 13.4　编译错误

这是由于 compat.h 文件中的两行宏定义代码出现了问题，如图 13.5 中的标注所示。

```
#ifdef HAVE_TM_GMTOFF
#define TIMEZONE_OFFSET(foo) foo##->tm_gmtoff
#else
#define TIMEZONE_OFFSET(foo) timezone
#endif

#ifdef HAVE_TM_ZONE
#define TIMEZONE(foo) foo##->tm_zone
#else
#define TIMEZONE(foo) *tzname
#endif
```

图 13.5　compat.h 源代码修改

按图 13.6 对其进行修改，即将##取消。

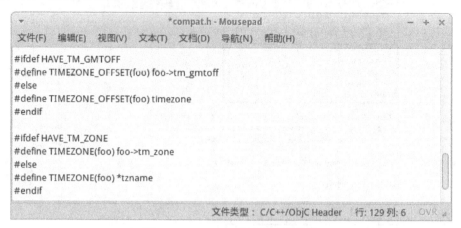

图 13.6　compat.h 修改后的源代码

（3）编译 Boa。经过之前的准备工作之后，编译错误得到了解决，输入以下命令重新开始配置编译：

```
./configure
make
```

编译成功后，在 Boa 源码目录下的 src 子目录中生成了 boa 可执行程序，如图 13.7 所示。

图 13.7　生成可执行程序

（4）Boa 服务器配置。Boa 源码目录中的 boa.conf 配置文件用于设置 Web 服务器的网络参数，文件中各参数的功能说明如下。

① Port：Boa 服务器监听的端口，默认的端口是 80。如果端口小于 1024，则必须以 root 用户启动服务器。

② Listen：绑定的 IP 地址。不使用这个参数时，将绑定所有的地址。

③ User：连接到服务器的客户端的身份，可以是用户名或 UID。

④ Group：连接到服务器的客户端的组，可以是组名或 GID。

⑤ ServerAdmin：服务器出现故障时要通知的邮箱地址。

⑥ ErrorLog：指定错误日志文件。如果路径没有以 "/" 开始，则相对于 ServerRoot 路径。没有配置时默认的文件是/dev/stderr。若不想记录日志，则指定文件为/dev/null。

⑦ AccessLog：设置存取日志文件，与 ErrorLog 类似。

⑧ UseLocaltime：设置使用本地时间，使用 UTC 时注释这个参数。此参数没有值。

⑨ VerboseCGILogs：在错误日志文件中记录 CGI 启动和停止时间，若不记录，则注释这个参数。此参数没有值。

⑩ ServerName：指定服务器的名称，当客户端使用 gethostname + gethostbyname 时返回给客户端。

⑪ VIrtualHost：虚拟主机开关。使用此参数，则会在 DocumentRoot 设定的目录中添加一个 IP 地址作为新的 DocumentRoot 来处理客户端的请求。例如，DocumentRoot 设置为/var/www，则 http://localhost/转换成/var/www/127.0.0.1/，若注释此参数，则为/var/www/。

⑫ DocumentRoot：HTML 文件的根目录（也就是网站的目录）。

⑬ UserDir：指定用户目录。

⑭ DirectoryIndex：指定预生成目录信息的文件，注释此变量将使用 DirectoryMaker 变量。这个变量也就是设置默认主页的文件名。

⑮ DirectoryMaker：指定用于生成目录的程序，注释此变量将不允许列出目录。

⑯ DirectoryCache：当 DirectoryIndex 文件不存在，而 DirecotryMaker 又被注释掉时，将列出这个参数并指定目录给客户端。

⑰ KeepAliveMax：每个连接允许的请求数量。如果将此值设为"0"，则不限制请求的数目。

⑱ KeepAliveTimeOut：在关闭持久连接前等待下一个请求的秒数。

⑲ MimeTypes：设置包含 mimetypes 信息的文件，一般是/etc/mime.types。

⑳ DefaultType：默认的 mimetype 类型，一般是 text/html。

㉑ CGIPath：相当于为 CGI 程序使用的$PATH 变量。

㉒ SinglePostLimit：一次 POST 最大允许的字节数，默认是 1MB。

㉓ AddType：增加 MimeTypes 没有指定的类型，如 AddType type extension [extension ...]。要使用 CGI，必须添加 CGI 类型，即 AddType application/x-httpd-cgi cgi。

㉔ Redirect：重定向文件。

㉕ Aliases：指定路径的别名。

㉖ ScriptAlias：指定脚本路径的虚拟路径。

配置 Boa 服务器时，先要创建/etc/boa 目录，将 Boa 源码目录下的配置文件复制到该目录下。

```
mkdir /etc/boa
cp boa.conf /etc/boa
```

再修改配置文件 boa.conf 中的选项，包括以下几项。

① 修改 Group nogroup 为 Group root。

② 修改 User nobody 为 User root。

③ 修改 ScriptAlias /cgi-bin/ /usr/lib/cgi-bin/为 ScriptAlias /cgi-bin/ /www/cgi-bin/。

④ 修改 DocumentRoot /var/www 为 DocumentRoot /www。

⑤ 修改#ServerName www.your.org.here 为 ServerName TestBoa。

⑥ 修改 AccessLog /var/log/boa/access_log 为 AccessLog log/boa/access_log。

除了修改上述内容之外，还需要在 ARM 开发板的串口终端下输入命令创建 HTML 文档的主目录和 CGI 脚本所在的目录，即：

```
mkdir /www
mkdir /www/cgi-bin
```

如果 CGI 文件不能使用，则需要将配置文件中的#AddType application/x-httpd-cgi cgi 代码中的注释#字符去掉。

（5）部署目标板 Boa 服务器。先将之前编译出来的 boa 可执行文件复制到开发板根文件系统的/etc/boa 下，同时将 Linux 虚拟机中的/etc/mime.types 文件复制到开发板根文件系统/etc 目录下。

再将主页 index.html 文件复制到开发板的/www 目录下，运行/etc/boa 目录中的 boa 程序，启动 Web 服务器。

如果启动时出现图 13.8 所示的错误，则这个启动错误可以按照图 13.9，将 Boa 源码 src 目录下的 boa.c 文件的第 226 行处的 if 判断注释掉：

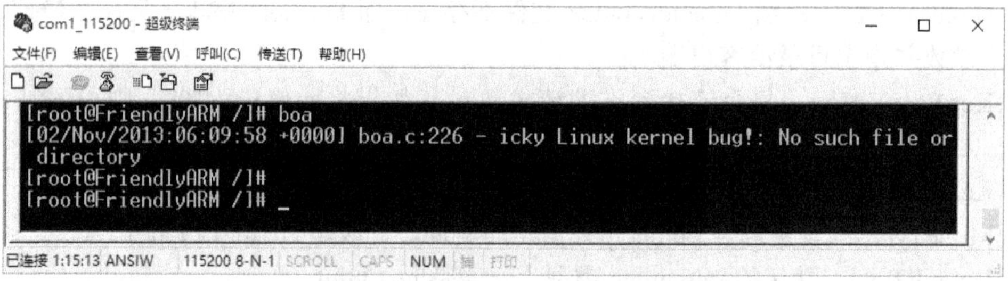

图 13.8　Boa 服务器启动错误信息

图 13.9　修改 boa.c 文件

重新编译 Boa，再次将其复制到开发板上，运行结果如图 13.10 所示。

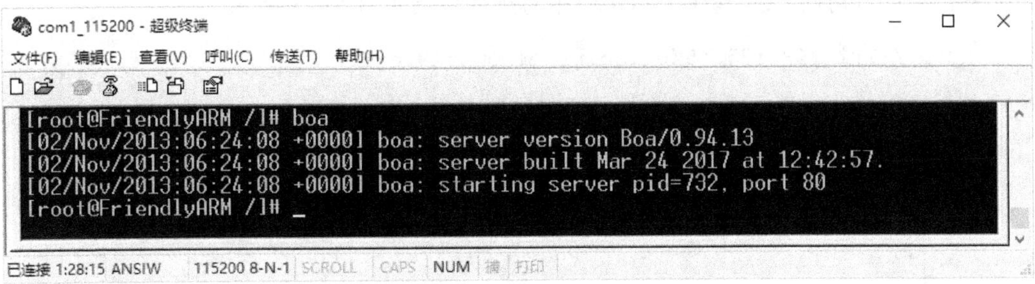

图 13.10 Boa 服务器启动信息

13.3.2 测试 Boa 服务器

（1）配置 ARM 开发板的网络参数：

```
ifconfig eth0 192.168.135.45 netmask 255.255.255.0
route add default gw 192.168.135.254
```

这里 IP 地址以"192.168.135.45"为例，子网掩码以"255.255.255.0"为例，网关以"192.168.135.254"为例，具体参数以实际的网络配置为准，系统重启后，要重新设置网络参数。

（2）编写 CGI 测试脚本程序，示例程序如程序 13.1 所示。此脚本程序主要用于测试开发板 Boa 服务器与 Linux 系统网络配置是否成功。

程序 13.1 Boa 测试脚本程序

```
#include <stdio.h>
int main(void )
{
    printf ( "Content-type: text/html\n\n" );
    printf ( "<html>\n" );
    printf ( "<head><title>Boa Test</title></head>\n" );
    printf ( "<body>\n" );
    printf ( "<h1>This is a test for Boa!</h1>\n" );
    printf ( "<body>\n" );
    printf ( "</html>\n" );
    exit (0);
}
```

（3）编译执行。在 Linux 虚拟机中，输入如下命令进行交叉编译，生成 helloworld.cgi 脚本文件。

```
arm-linux-gcc -o helloworld.cgi helloworld.c
```

将 helloworld.cgi 文件复制到开发板的/www/cgi-bin/路径下，在开发板的串口终端下执行 chmod 命令以改变文件属性。

```
chmod 755 helloworld.cgi
```

（4）通过串口终端输入 Boa 命令启动 Web 服务器。回到 PC 中，打开浏览器，输入开发板上的链接地址以访问 CGI 程序。CGI 程序的执行结果如图 13.11 所示。

```
http://192.168.135.45/cgi-bin/helloworld.cgi
```

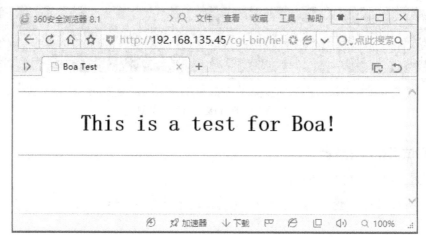

图 13.11　测试程序运行结果

13.3.3　远程控制 LED

在这个设计中，需要建立两个文件：MyLED.html 与 MyLED.c。MyLED.html 为开发板 Boa 服务器浏览主页，会调用 MyLED.c 程序生成的 CGI 脚本文件来与浏览器用户进行数据交互。

（1）建立 MyLED.html 文件，内容如下。

程序 13.2　MyLED.html 程序

```html
<head>
<meta http-equiv="Content-Type" content="text/html; charset=utf-8" />
<title>web控制mini2451开发板LED</title>
</head>
<body>
<h1 align="center">基于Web控制Mini2451 GPIO端口</h1>
<form action="/cgi-bin/MyLED.cgi" method="get">
<p align="center">LED的控制</p>
<p align="center">请输入需要控制的LED <input type="text"
    name="led_control"/></p>
<p align="center">请输入控制LED的动作<input type="text"
  name="led_state"/></p>
<p align="center"><input type="submit" value="确定"/>
<input type="reset" value="返回"/>
</p>
</form>
</body>
</html>
```

（2）编写 CGI 程序 MyLED.c，内容如下。

程序 13.3　开发板 MyLED.c 程序

```c
#include <stdio.h>
#include <stdlib.h>
#include <sys/types.h>
#include <fcntl.h>
#include <unistd.h>
#include <sys/ioctl.h>
#include <sys/stat.h>
#include <sys/mman.h>
int main() {
    int fd,led_control,led_state;
    char *data;
    printf("Content-type: text/html;charset=gb2312\n\n");
    printf("<html>\n");
    printf("<head><title>cgi led demo</title></head>\n");
    printf("<body>\n");
    printf("<p>LED is setted successful!LED changed</p>\n");
    printf("<p><a herf=index.html><button>get back</button></a></p>\n");
    printf("</body>\n");
    data = getenv("QUERY_STRING");
if(sscanf(data,"led_control=%d&led_state=%d",&led_control,&led_state)!=2) {
        printf("<p>please input right");
        printf("</p>");
    }
    if(led_control>3) {
        printf("<p>Please input 0<=led_control<=3!");
            printf("</p>");
    }
    if(led_state>1) {
        printf("<p>Please input 0<=led_state<=1!");
        printf("</p>");
    }
    fd = open("/dev/leds0", O_RDWR);    //打开LED设备
    if(fd < 0) {
        fd = open("/dev/leds", O_RDWR);
    }
    if(fd < 0) {
        printf("open led deVIce!\n");
    }
    printf("led_control=%d\n",led_control);
    printf("led_state=%d\n",led_state);
```

```
ioctl(fd,led_state,led_control); close(fd);
printf("</html>\n");
return 0;
}
```

（3）利用交叉编译器 arm-linux-gcc 生成 MyLED.cgi 可执行文件，如图 13.12 所示，将文件复制到开发板/www/cgi-bin/目录下，在主机上即可运行程序。

图 13.12　复制文件

（4）在浏览器的地址栏中输入 http://192.168.135.45/MyLED.html，回车后可进入如图 13.13 所示的浏览页面。在该页面的"请输入要控制的 LED"编辑框中输入要控制的 LED 序号（0～3），在该页面的"请输入控制 LED 的动作"编辑框中输入 0（关闭）或者 1（点亮）。

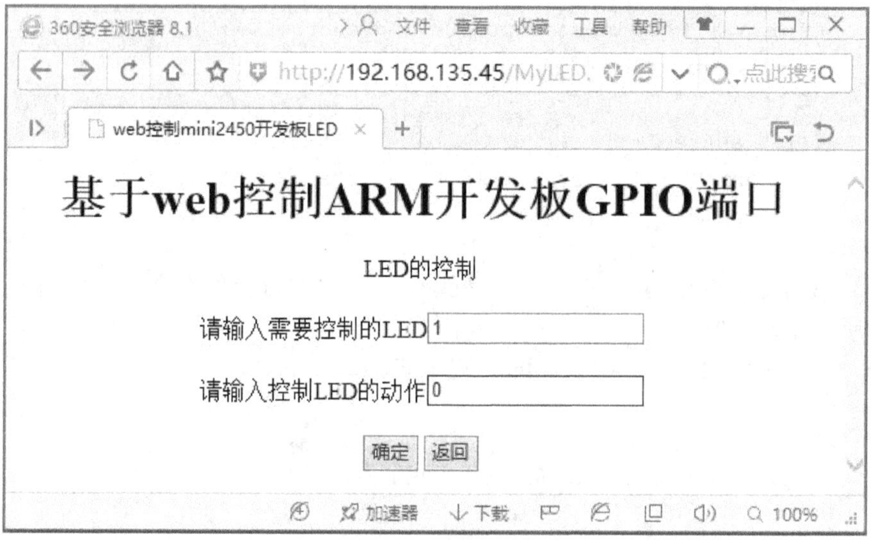

图 13.13　LED 控制主页

13.4　实践练习

13-1　参照本章实践内容移植 Boa 嵌入式 Web 服务器到 ARM 开发板上。

13-2　参考程序 13.2 和 13.3，设计完成 LED 流水灯的远程 Web 控制，如在 Web 页面上提供几个按钮来启动暂停流水灯和切换流水灯模式等。

附录

Mini2451 开发板简介

1. 开发板

Mini2451 是一款高性能、低功耗的 ARM9 一体化平台板，它由广州友善之臂设计、生产和发行销售。它采用三星的 S3C2451 作为主处理器，运行主频最高可达 533MHz。作为 Mini2440 的继任者，它不但秉承了 Mini2440 "精于心，简于形" 的外观，而且接口定义和布局尺寸几乎完全和 Mini2440 兼容，非常便于老用户更新换代；也利于新用户充分利用 Mini2440 现有的众多网络资源。

需要说明的是，Mini2451 采用了更精良的电源系统设计，以及更好的信号完整性规划，可以极大地避免外接电源的干扰和温度变化带来的影响，因此非常适用于环境恶劣的工业控制场合。除此之外，作为继任者，Mini2451 还配备了速度更快、容量更大的 128MB DDR2 内存，并且标配 256MB SLC NAND Flash(可选 1GB)；Mini2451 采用精准一线触摸，它非常适用于需要良好触摸效果的人机界面的产品项目，并且已经广泛应用到很多工控行业，很多用户对此称赞不已。相比 Mini2440，Mini2451 采用了更好用的弹出式 SD 卡座，并具有 4 个串口，其 USB Device 为 USB 2.0、2 路 SDIO，2 路 IIC 总线等。

Mini2451 使用了友善之臂精心研制的 Superboot-2451，无须连接电脑，只要把目标文件复制到 SD 卡中（可支持大于 2GB 的高速大容量卡），就可以在目标板上极快极简单地自动安装各种嵌入式系统（Windows CE6/Linux/Debian/uCos2/裸机程序等）；配合 MiniTools 工具软件，开发者还可以十分方便地通过 USB 下载单个文件到内存中运行，并且兼容各种 Windows/Linux 平台环境，非常便于调试之用。S3C2451 处理器与 2416 和 2440 资源的对比如附表 1 所示。

附表 1 S3C2451、2416 和 2440 资源对比

型　　号	2451	2416	2440
ARM 核	ARM926EJ	ARM926EJ	ARM926T
生产工艺	60nm CMOS 工艺	60nm CMOS 工艺	130nm CMOS 工艺
运行主频	400MHz，最高 533MHz	最高 400MHz	最高 400MHz
串口	4 路		3 路
SPI 接口	2 路	1 路	2 路
I2C 接口	2 路	1 路	

续表

型　　号	2451	2416	2440
SD/MMC 接口	2 路（SD Host 2.0 和 MMC 4.2）		1 路（SD Host 1.0 和 MMC 2.11）
CAMERA 接口	1 路 CMOS	无	1 路
GPIO/中断	GPIO 有 174 个，中断有 24 个	GPIO 有 138 个，中断有 16 个	GPIO 有 130 个，中断有 24 个
PWM 输出	4 路		
USB Host	USB 1.1		
USB DeVIce	USB 2.0		USB 1.1
ADC 通道	10 路 12-bit		8 路-10bit
LCD 接口	最高 256K 色		
内存	最高支持 128MB DDR2 内存		最高支持 128MB SDRAM 内存
CPU ID	0x32450003		0x32440001
启动模式	SD/NAND/NOR		NAND/NOR

2．开发板外观

Mini2451 开发板外观如附图 1 所示，该图为开发板未接 LCD 时的示意图。Mini2451 可用的 LCD 包括 3.5 英寸、4.3 英寸、7 英寸等，第 3 章中的图 3.18、3.19 就是 Mini2451 连接 3.5 英寸液晶屏时的情景。

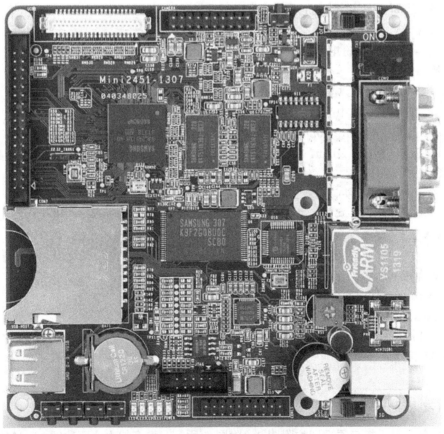

附图 1　Mini2451 开发板外观

3. 开发板硬件资源特性

CPU 处理器：三星 S3C2451，基于 ARM926EJ，运行主频 400MHz，最高可达 533MHz。

内存：128MB DDR2 RAM @133MHz。

Flash 存储：标配 256MB SLC NAND Flash。

LCD 显示：41Pin，1.0mm 间距，兼容 Mini2440/Mini6410/Mini210S LCD，支持一线触摸。

网络：1 个 10/100Mbps 自适应以太网 RJ45 接口（采用 DM9000AEP）。

标准接口资源如下。

① 1 个 DB9 式 RS232 五线串口（另有 4 个 TTL 串口）。

② 1 个 miniUSB 2.0 接口。

③ 1 路 3.5mm 立体声音频输出接口，1 路在板麦克风输入。

④ 1 路 USB Host 1.1 接口。

⑤ 1 个弹出式 SD 卡座。

⑥ 5V 直流电压输入：接口型号为 DC-23B。

在板即用资源如下。

① 1 个 I2C-EEPROM 芯片（256 字节），主要用于测试 I2C 总线。

② 4 个用户 LED（绿色）。

③ 4 个侧立按键（中断式资源引脚）。

④ 1 个可调电阻，用于 ADC 转换测试。

⑤ 1 个 PWM 控制蜂鸣器。

⑥ 板载实时时钟备份电池。

外扩接口资源如下。

① 4 个串口座：TTL 电平，2.0mm 间距；均为三线串口。

② 1 个 JTAG 接口：10Pin，2.0mm 间距。

③ LCD 接口：41Pin，1.0mm 间距贴片座。

④ 1 个 SDIO 接口：20Pin，2.0mm 间距，可接 SD Wi-Fi，其中包含 1 路 SPI，1 路 I2C，1 路串口等。

⑤ 1 个 CMOS 摄像头接口：20Pin，2.0mm 间距，可外扩 CCD 摄像头。

⑥ 1 个 GPIO 接口：34Pin，2.0mm 间距，包含了富余的 AD 输入，中断引脚，I2C、SPI、PWM，5V & 3.3V 电源等端口。

大小尺寸：100mm×100mm。

软件支持如下。

① Superboot-2451。

② Linux-3.6 + Qtopia-2.2.0/Qt-4.4.3/Qt-4.7。

③ WindowsCE 6.0。

④ 裸机下载。

⑤ uCos2。

4. 开发板部分外设原理图

开发板部分外设接口原理图如附图 2～附图 5 所示，更多的内容可参阅 Mini2451 用户手册、Mini2451 原理图和 S3C2451 数据手册。

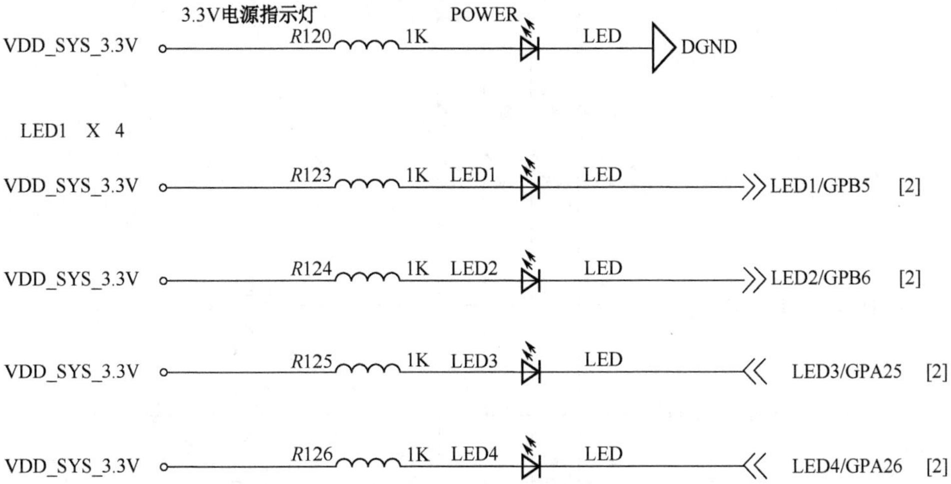

附图 2 用户 LED

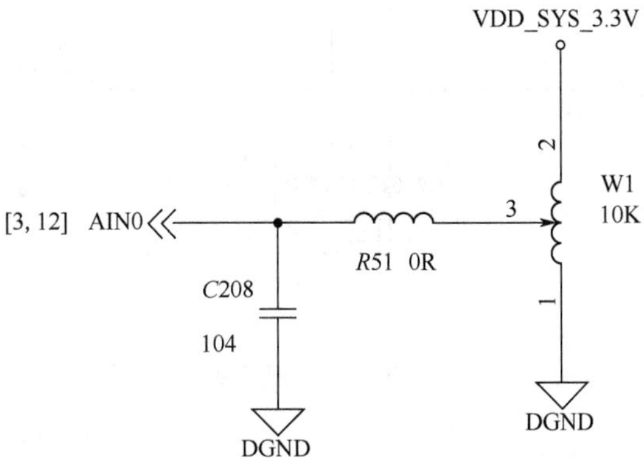

附图 3 ADC

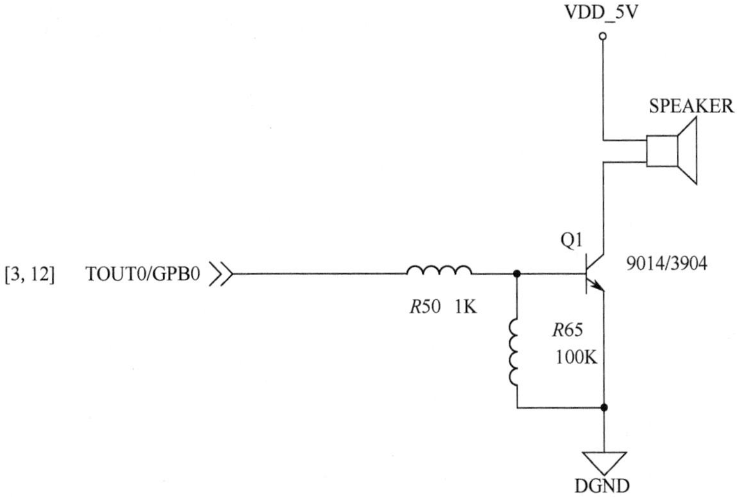

附图 4 SPEAKER

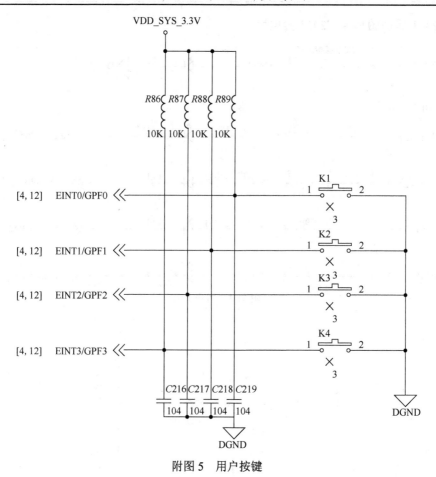

附图 5   用户按键

参 考 文 献

[1] Kernighan B. W.，Ritchie D. M，徐宝文，李志，译．C 程序设计语言．2 版．北京：机械工业出版社，2004.

[2] 曾宏安．嵌入式 Linux C 语言开发．北京：人民邮电出版社，2009.

[3] Stevens，Rago S.A，戚正伟，张亚英，尤晋元，译．UNIX 环境高级编程．3 版．北京：人民邮电出版社，2014.

[4] 黎燕霞．嵌入式 Linux 系统设计与开发．北京：电子工业出版社，2016.

[5] 孙天泽．嵌入式 Linux 操作系统．北京：人民邮电出版社，2012.

[6] 刘刚，赵剑川．Linux 系统移植．北京：清华大学出版社，2014.

[7] 弓雷．ARM 嵌入式 Linux 系统开发详解．北京：清华大学出版社，2014.

[8] 风海．嵌入式 Linux 系统应用及项目实践．北京：机械工业出版社，2013.

[9] 友善之臂．Mini2451 用户手册．广州：友善之臂计算机科技有限公司，2014.

[10] 周立功，ZLG Linux 开发团队．嵌入式 Linux 开发教程．北京：北京航空航天大学出版社，2016.

[11] 徐千洋．Linux C 函数库参考手册．北京：中国青年出版社，2002.

[12] 马忠梅，马广云，徐英慧，等．ARM 嵌入式处理结构与应用基础．北京：北京航空航天大学出版社，2002.

[13] 邹思铁．嵌入式 Linux 设计与应用．北京：清华大学出版社，2002.

[14] 杜春雷．ARM 体系结构与编程．北京：清华大学出版社，2003.

[15] 田泽．嵌入式系统开发与应用．北京：北京航空航天大学出版社，2005.

[16] 田泽．嵌入式系统开发与应用实验教程．北京：北京航空航天大学出版社，2004.

[17] 陈莉君．深入理解 Linux 内核．北京：中国电力出版社，2001.

[18] 魏永明，骆刚．Linux 设备驱动程序．2 版．北京：中国电力出版社，2002.

[19] 莫尔勒．深入 Linux 内核架构．北京：人民邮电出版社，2010.

[20] 洛夫．Linux 内核设计与实现．北京：机械工业出版社，2004.

[21] 商斌．Linux 设备驱动开发入门与编程实践．北京：电子工业出版社，2009.

[22] 宋宝华．Linux 设备驱动开发详解．北京：人民邮电出版社，2010.

[23] 韦东山．嵌入式 Linux 应用开发完全手册．北京：人民邮电出版社，2008.

[24] 周艳．Linux 嵌入式实时应用开发实战．北京：机械工业出版社，2015.

[25] 朱兆祺，李强，袁晋蓉．嵌入式 Linux 开发实用教程．北京：人民邮电出版社，2014.

反侵权盗版声明

电子工业出版社依法对本作品享有专有出版权。任何未经权利人书面许可，复制、销售或通过信息网络传播本作品的行为；歪曲、篡改、剽窃本作品的行为，均违反《中华人民共和国著作权法》，其行为人应承担相应的民事责任和行政责任，构成犯罪的，将被依法追究刑事责任。

为了维护市场秩序，保护权利人的合法权益，我社将依法查处和打击侵权盗版的单位和个人。欢迎社会各界人士积极举报侵权盗版行为，本社将奖励举报有功人员，并保证举报人的信息不被泄露。

举报电话：（010）88254396；（010）88258888
传　　真：（010）88254397
E-mail：　dbqq@phei.com.cn
通信地址：北京市万寿路 173 信箱
　　　　　电子工业出版社总编办公室
邮　　编：100036